泉城文库

泉水文化丛书
第一辑 雍坚 主编

涌泉泉群
（下册）

董希文 编著

济南出版社

图书在版编目（CIP）数据

涌泉泉群：上下册 / 董希文编著 . —— 济南：济南出版社，2024.7.——（泉水文化丛书 / 雍坚主编）.
ISBN 978-7-5488-6604-6

Ⅰ . K928.4

中国国家版本馆 CIP 数据核字第 2024EG8075 号

涌泉泉群（下册）
YONGQUAN QUANQUN

董希文　编著

出 版 人	谢金岭
责任编辑	李文展
封面设计	牛　钧

出版发行　济南出版社
地　　址　山东省济南市二环南路 1 号（250002）
总 编 室　0531-86131715
印　　刷　济南新先锋彩印有限公司
版　　次　2024 年 7 月第 1 版
印　　次　2024 年 7 月第 1 次印刷
开　　本　160mm×230mm　16 开
印　　张　37
字　　数　460 千字
书　　号　ISBN 978-7-5488-6604-6
定　　价　108.00 元（上下册）

如有印装质量问题　请与出版社出版部联系调换
电话：0531-86131736

版权所有　盗版必究

总序

文化，源自《周易》中所讲的"观乎人文，以化成天下"。自然形态的泉水，在与人文影响相结合后，才诞生了泉水文化。通过考察济南泉水文化的衍生轨迹，可以看到，泉水本体在历史上经历了从专名到组合名、从组合名到组群名这样一个生发过程。

"泺之会"和"鞌之战"是春秋时期发生于济南的两件知名度最高的大事（尽管"济南"这一地名当时尚未诞生）。非常巧合的是，与这两件大事相伴的，竟然是两个泉水专名的诞生。《春秋》记载，鲁桓公十八年（前694），鲁桓公和齐襄公在"泺"相会。"泺"，源自泺水。而"泺水"，既是河名，又是趵突泉之初名。北魏郦道元在《水经注》中推测，泺水泉源一带即"公会齐侯于泺"的发生地。"鞌之战"发生于鲁成公二年（前589），《左传》记述此战时，首次记载华不注山下有华泉。

东晋十六国时期，第三个泉水专名——"孝水"（后世称"孝感泉"）诞生。南燕地理学家晏谟在《三齐记》中记载："其水平地涌出，为小渠，与四望湖合流入州，历诸廨署，西入泺水。耆老传云，昔有孝子事母，取水远。感此，泉涌出，故名'孝水'。"北魏时期，郦道元在《水经注》中，所记济南泉水专名有6个，分别是泺水、舜井、华泉、西流泉、白野泉和百脉水（百脉泉）。北宋，济南泉水家族扩容，达到30余处。济南文人李格非热爱家乡山水，曾著《历下水记》，将这30余处泉水详加记述，惜未传世。后人仅能从北宋张邦基所著《墨庄漫录》中知其梗概："济南为郡，在历山之阴。水泉清冷，凡三十余所，如舜泉、爆流、金线、真珠、孝感、玉环之类，皆奇。李格非文叔作《历下水记》叙述甚详，文体有法。曾子固诗'爆流'作'趵突'，未知孰是。"

伴随着济南泉水专名的增加，到了金代，济南泉水的组合名终于出场，这就是刻在《名泉碑》上的"七十二泉"。七十二，古为天地阴阳五行之成数，亦用以表示数量众多，如《史记》载"古者封泰山禅梁父者七十二家"、唐诗《梁甫吟》中有"东下齐城七十二"之句。金《名泉碑》未传世至今，所幸元代地理学家于钦在《齐乘》中将泉名全部著录，并加注了泉址，济南七十二泉的第一个版本因此名满天下。金代七十二泉的部分名泉在后世虽有衰败隐没，但"七十二泉"之名不废，至今又产生了三个典型版本，分别是明晏璧《济南七十二泉诗》、清郝植恭《济南七十二泉记》和当代"济南新七十二名泉"。此外，明清时期，还有周绳所录《七十二泉歌》、王钟霖所著《历下七十二泉考》等五个非典型七十二泉版本出现。如果把以上九个版本的"七十二泉"合并同类项，总量有170余泉。从金代至今，只有趵突泉、金线泉等十六泉在各时期都稳居榜单。

俗语云："物以类聚，人以群分。"意为同类的事物经常聚集在一起，志同道合的人往往相聚成群。当济南的泉水达到一定数量时，"泉以群分"的现象就应运而生了。

20世纪40年代末，济南泉水的组群名开始出现。1948年，《地质论评》杂志第13卷刊发国立北洋大学采矿系地质学科学者方鸿慈所著《济南地下水调查及其涌泉机构之判断》一文，首次将济南泉水归纳为四个涌泉群：趵突泉涌泉群（内城外西南角）、黑虎泉涌泉群（内城外东南角）、贤清泉涌泉群（内城外西侧）和北珍珠泉涌泉群（内城大明湖南侧）。

1959年，山东师范学院地理系教师黄春海在《地理学资料》第4期发表《济南泉水》一文，将济南市区泉水划分为趵突泉泉群、黑虎泉泉群、珍珠泉泉群、五龙潭泉群和江家池泉群。同年，黄春海的同事徐本坚在《山东师范学院学报》第4期发表《泰山地区自然地理》一文，提出济南市区诸泉大体可分为四群：趵突泉泉群、黑虎泉泉群、五龙潭泉群、珍珠泉泉群。此种表述虽然已经与后来通行的表述一致，但当时并未固定下来。1959年11月，山东师范学院地理系编著的《济南地理》（徐本坚是此书的参编者之一）一书中对济南四大泉群又按照方位来命名，分别是：城东南泉群、城中心泉群、城西南泉群、城西缘泉群。

通过文献检索可知，济南四大泉群的表述此后还经历了数次变化和反复。譬如，1964年4月，郑亦桥所著《山东名胜古迹·济南》一书中，将济南四大泉群表述为"趵突泉群、黑虎泉群、珍珠泉群和五龙潭泉群"；1965年5月，山东省地质局水文地质观测总站所编《济南泉水》中，将济南四大泉群表述为"趵突泉—白龙湾泉群、黑虎泉泉群、五龙潭—古温泉泉群和王府池泉群"；1966年，油印本《济南一览》一书中，将济南四大泉群表述为"趵突泉泉群、黑虎泉泉群、五龙潭泉群和珍珠泉泉群"，与1959年发表的《泰山地区自然地理》一文所述一致；1986年，山东省地图出版社编印的《济南泉水》中，将四大泉群复称为"趵突泉群、黑虎泉群、五龙潭泉群和珍珠泉群"；1989年，济南市人民政府所编《济南历史文化名城保护规划图集》将济南四大泉群复称为"趵突泉泉群、珍珠泉泉群、五龙潭泉群和黑虎泉泉群"。此后，这一表述才算固定下来。

2004年4月2日，由济南名泉研究会、济南市名泉保护管理办公室组织进行的历时五年的济南新七十二名泉评审结果揭晓，同时还公布了新划出的郊区六大泉群，这样加上市区原有的四大泉群，就有了济南十大泉群的划分，它们是：趵突泉泉群、黑虎泉泉群、珍珠泉泉群、五龙潭泉群、白泉泉群、涌泉泉群、玉河泉泉群、百脉泉泉群、袈裟泉泉群、洪范池泉群。十大泉群的划分，是本着有利于泉水的保护和管理、有利于旅游和开发的原则，依据泉水的地质结构、流域范围，在20平方公里范围内有泉水数目20处以上，且泉水水势好，正常年份能保持常年喷涌，泉水周围有良好的自然环境和历史文化内涵等标准进行的。

2019年1月，国务院批复同意山东省调整济南市、莱芜市行政区划，撤销莱芜市，将其所辖区域划归济南市管辖。伴随着济莱区划调整，新设立的济南市莱芜区和济南市钢城区境内的泉水，加入济南泉水大家族。2020年7月至2021年7月，济南市城乡水务局（济南市泉水保护办公室）再次开展全市范围内的新一轮泉水普查工作。在泉水普查的基础上，邀请业内专家对新发现的500余处泉水逐一进行评审，新增305处泉水为名泉，其中，莱芜区境内有72泉，钢城区境内有30泉。2023年，在《济南市名泉保护总体规划（2023—2035年）》编制过程中，根据泉水出露点分布情况，结合历史人文要素与自然生态条件划定了十二片泉群，即趵突泉泉群、黑虎泉泉群、珍珠泉泉群、五龙潭泉群、白泉泉群、涌泉泉群、百脉泉泉群、玉河泉泉群、袈裟泉泉群、洪范池泉群、吕祖泉泉群及舜泉泉群。其中，吕祖泉泉群（莱芜区境内诸泉）和舜泉泉群（钢城区境内诸泉）为新增。

稍加回望的话，在市区四大泉群之外，济南郊区诸泉群名称的出现，也是有迹可循的。1965年7月，山东省地质局八〇一队李传谟在油印本《鲁中南喀斯特及其水文地质特征的研究》中记载了今章丘区境内的明水镇泉群（包括百脉泉）、绣水村泉群，今长清区境内的长清泉群，今莱芜区境内的郭娘泉群。据2013年《济南泉水志》记载，20世纪80年代后，省市有关部门及高校有关科研人员和学者，对济南辖区内的泉群及其泉域划分形成了各种不同的说法，但济南辖区内有三个泉水集中出露区和七个泉群的说法，为大多数人所认同。三个集中出露区即济南市区（包括东郊、西郊）、章丘区明水、平阴县洪范池一带；七个泉群即趵突泉泉群、黑虎泉泉群、五龙潭泉群、珍珠泉泉群、白泉泉群、明水泉群、平阴泉群。

泉群是泉水出露的一种聚集形式。泉群的划分，则是对泉水分布所作的人为圈定，如根据泉水分布的地理区域集中性、泉水的水文地质条件进行的划分，以及从泉群景观的保护、管理和开发等角度进行的划分。因此，具体到每个泉群内所含的泉水和覆盖范围，亦是"时移事异"的。以珍珠泉泉群为例，1948年，方鸿慈视野中的北珍珠泉涌泉群，仅有"北珍珠泉、太乙泉等8处以上泉水"；1966年油印本《济南一览》中，珍珠泉泉群有珍珠泉等10泉；1981年济南市历下区地名办公室所绘《济南历下区泉水分布图》上，将护城河内老城区中的34泉悉数列入珍珠泉泉群；1997年《济南市志》将珍珠泉泉群区域再度缩小，称"位于旧城中心的曲水亭街、芙蓉街、东更道街、院前街之间"，共有泉池21处（含失迷泉池2处）；2013年《济南泉水志》将珍珠泉泉群的范围扩大至老城区中所有的有泉区域，总量也跃升为济南市区四大泉群之首，计有74处；2021年9月，伴随着"济南市新增305处名泉名录"的公布，护城河以内济南老城区的在册名泉（珍珠泉泉群）达到107处。

当代，记述济南泉水风貌、泉水文化的出版物已有多种，可谓琳琅满目，而本丛书以泉群为单位，对济南市诸泉进行风貌考察、文化挖掘、名称考证，便于读者从泉水群落的角度去考察、关注、研究各泉的来龙去脉。十二大泉群之外散布的名泉，皆附于与其邻近的泉群后一一记述，以成其全。如天桥区散布的名泉附于五龙潭泉群之后，近郊龙洞、玉函山等名泉附于玉河泉泉群之后。

值得一提的是，本丛书所关注的济南各泉群诸泉，并不限于当代业已列入济南名泉名录的泉水，还包括各泉群泉域内的三类泉水：一是新恢复的名泉，如珍珠泉泉群中新恢复的明代名泉北芙蓉泉；二是历史上曾经存在、后来湮失的名泉，如趵突泉泉群中的道村泉、通惠泉，白泉泉群中的老母泉、当道泉，吕祖泉泉群中的郭娘泉、星波泉；三是现实存在，但未被列入名泉名录的泉水，这些泉水或偏居一隅，鲜为人知，如玉河泉泉群中的中泉村咋呼泉、鸡跑泉，或季节性出流，难得一见，如袈裟泉泉群中的一口干泉、洪范池泉群中的天半泉。在济南泉水大家族中，它们虽属小众，但往往是体现济南泉水千姿百态的另类注脚。

本丛书在编撰过程中参考了《千泉之城——泉城济南名泉谱》等众多当代济南泉水文化出版物，得到了济南市城乡水务局（济南市泉水保护办公室）、济南市勘察测绘研究院、山东省地矿局八〇一水文地质工程地质大队等单位的大力支持，谨此诚致谢忱！

亘古以来，济南的泉脉与文脉交相依存，生生不息。济南文化之积淀、历史之渊源，皆与泉水密切相关。期待这套《泉城文库·泉水文化丛书》开启您对济南的寻根探源之旅！

雍坚

2024年6月10日

目录

仲南青龙泉　/ 001

南泉寺永清泉　/ 002

南泉寺南泉　/ 003

南崖泉　/ 007

泉子峪泉　/ 009

西泉子　/ 010

水石屋泉　/ 011

小峪泉　/ 013

朱家峪泉　/ 015

稻池古井　/ 016

聚宝盆泉　/ 017

东路白云泉　/ 018

牛角泉　/ 019

刘家北泉　/ 020

沟帮泉　/ 021

阴阳泉　/ 022

道士泉　/ 023

清泉　/ 025

莲花泉　/ 026

百花泉　/ 028

陈家老泉　/ 030

北崖灰泉　/ 031

老庄泉（青松泉）　/ 032

老泉（胜利泉）　/ 034

南甘露泉　/ 036

龙涎泉　/ 038

琵琶泉　/ 041

会龙泉　/ 043

柳泉　/ 044

大泉　/ 047

悬泉　/ 049

北薄罗泉　/ 051

水波泉　/ 052

凉水泉　/ 053

里峪泉　/ 054

大洼山洞泉　/ 055

白菜滩双泉　/ 056

白菜滩双井　/ 058

车泉　/ 059

黄钱峪泉　/ 061

黄钱峪东泉　/ 063

凤凰泉　/ 064

锦绣川灰泉　/ 065

林泉　/ 066

韩家泉　/ 070

潘家场官井　/ 072

西峪泉 / 074	龙湾泉 / 125
官道古井 / 076	铁峪泉 / 126
金刚纂泉 / 078	双龙泉 / 127
太昊三井 / 080	咋呼泉 / 128
红叶谷圣水泉 / 083	花家峪泉 / 129
嘤鸣泉 / 085	后岭子古井 / 130
水趣泉 / 087	花园岭古井 / 131
醉秋泉 / 088	火窝子古井 / 132
恩泽泉 / 089	马鞍泉 / 133
白云泉 / 090	红岭泉 / 134
子母泉 / 091	鸭子泉 / 135
云河北泉 / 092	永盛泉 / 136
大水井官井 / 094	孔老峪双井 / 137
枯泉 / 095	积米泉 / 138
十八盘古井 / 097	黄鹿泉顶古井 / 139
虎洞泉 / 098	拔棨泉 / 140
甘泉 / 100	拔棨泉南泉 / 142
三江峪泉 / 101	拔棨泉西泉 / 143
滴答泉 / 103	拔棨泉东井 / 144
丁家峪白云泉 / 105	西营灰泉 / 145
雪花泉 / 107	垄窝泉 / 146
水帘泉 / 109	明珠泉 / 147
桃花泉 / 111	枣林泉 / 148
卧龙泉 / 112	盛泉 / 150
历甲泉 / 113	道沟三泉 / 152
黄鹿泉 / 114	哭姑顶山饮马泉 / 153
黄鹿泉老泉 / 116	白炭窑泉 / 155
日月泉 / 118	九龙泉 / 156
黄鹿泉四井 / 119	林枝三泉 / 158
神童泉 / 121	朝阳泉 / 160
渡仙泉 / 122	葫芦峪泉 / 162
臻鹿泉 / 124	滴水崖泉 / 164

目录

二十四节气泉 / 166

大南营饮马泉 / 172

玉泉 / 173

箭杆泉 / 175

胭脂泉 / 176

北沟泉 / 178

栗林泉 / 179

栗泉 / 180

洪泉 / 181

孟姜女泉 / 183

藕池泉 / 184

大石梁泉 / 185

墨林古井 / 187

梯子山南泉 / 188

云梯泉 / 189

梯子山柳泉 / 190

马蹄泉 / 191

寒泉 / 192

下罗伽泉 / 194

长泉 / 195

下罗伽古井 / 196

杏行泉 / 197

杜金泉 / 198

润泽泉 / 200

跑马泉 / 201

藏主泉 / 202

金鸡泉 / 203

供佛泉 / 204

刘家门前上泉·下泉 / 205

石灰峪泉 / 206

济公泉 / 207

智公泉 / 209

林商泉 / 211

会仙泉 / 212

半月泉 / 213

营南坡古井 / 214

黑峪泉 / 215

小泉 / 216

龙吟泉 / 217

苗家峪古井 / 219

虎啸泉 / 220

李家庄青龙泉 / 221

秦口泉 / 222

秦口峪老泉 / 223

围泉子峪泉 / 224

石佛峪泉 / 225

清沥泉 / 228

灿军井 / 230

西许老井 / 232

永清泉 / 233

富泉古井 / 234

仲宫泉子峪泉 / 235

大寨泉 / 236

双井官井 / 237

龙门泉 / 238

双井老泉 / 239

金鸡泉 / 241

四清泉 / 242

天一洞泉 / 243

天井 / 244

甘露泉 / 245

不老泉 / 247

金泉 / 249

九女泉 / 250

黄线泉 / 252

二仙泉 / 254

土屋泉 / 256

郑家泉 / 257

左而泉 / 258

南泉（白公泉） / 259

卧虎山泉 / 261

簸箕泉 / 263

蜜脂泉 / 264

仲南青龙泉

  青龙泉位于南部山区仲宫街道仲南村南郭而老山西北坡，海拔187米。相传，一条青蛇住在泉边，每到夜深人静便到泉边饮水，因此此泉得名"青龙泉"。青龙泉因处于芦姓茔地，当地百姓又称之为"芦家泉"。

  泉水出露形态为涌流，自红页岩缝隙涌出，积于小长方形池内，终年不涸。汛期泉水溢出池外，流向卧虎山水库。经检测，泉水pH值为8.0，呈弱碱性。

  2014年，修建泉池，并在泉旁立"青龙泉记"碑，为游人观泉、市民汲水提供方便。

青龙泉　董希文摄

南泉寺永清泉

永清泉位于南部山区仲宫街道东郭而庄村南泉寺遗址之南约 150 米处，海拔 282 米，因泉水四季不涸、清澈见底而得名。

永清泉原来是从石壁缝隙中流出，汇成一天然泉池。1965 年依山砌石筑池，刻石立碑"永清泉"于池壁。为保持池水清洁，泉池由水泥板棚盖。泉水经池壁输水管道流入南泉寺遗址西侧一长 20 米、宽 15 米、深 4 米、形状不规则的水池中。水盛时，永清泉与南泉水汇流，最终流入锦绣川。经检测，该泉水 pH 值为 7.8，呈弱碱性。

泉南为太甲山，悬崖峭壁，奇峰异石，山下山泉秀丽，美不胜收。

永清泉　董希文摄

南泉（左）与永清泉（右）　董希文摄

南泉寺南泉

　　南泉位于南部山区仲宫街道东郭村南太甲山下南泉寺旧址，海拔267米，因位于东郭村南而得名。南泉所在山峪称"南泉峪"。

　　南泉寺历经沧桑，今已倾圮荒芜，唯南泉水四季常流。泉在寺院遗址的东南隅，并列有两眼泉池。东池为4.5米长、2.9米宽的石砌方池。西池1.1米见方，在石券门洞中，泉水澄净甘洌，自池壁溢水口流出，

南泉　董希文摄

涌泉泉群（下册）

太甲池　董希文摄

向西曲行30余米自石雕龙首口中流出，跌入1965年建成的太甲池。太甲池面积320平方米。据当地老人讲，当年有一位邢氏老太太，因常年饮用南泉水，竟然活到了120岁，其子孙均长寿至90～100岁。

南泉，地处太甲山之阴，三面环山，泉水潺潺，植被丰茂，风景秀丽。村民在此用南泉水做泉水宴、沏茶招待游客，深受游客青睐。南泉寺这块宝地，又恢复了当年"鸡犬相闻，士女喧哗"的景象。

泉北30米处，有清道光二年（1822年）《重修南泉寺碑记》石碑一通，碑载"历邑之南，大川有三，名泉七十有二。自中宫镇东，名为锦绣，此乃第一川也"，"山下有泉，名为南泉，此泉居七十二泉之首。泉北有大雄宝殿，东有协天大帝。此处树木丛杂，泉源在左，池水在右，回转旋复"。由碑文可知，当年南部山区三川以南泉为首，也有七十二泉。

据考，南部山区"三川""七十二泉"源于明代济南德王府右长史许邦才。明万历六年（1578年），许邦才将太甲山下南泉寺作为自己颐

004

南泉寺南泉

南泉西池出水口　雍坚摄

南泉西池外观　雍坚摄

养天年的场所。他所作的《南泉寺记》被载入明崇祯《历城县志》："南泉寺，在省会南四十五里中宫之东、山阴之半。寺迤南出泉三四泓，冬夏不涸，故名……词曰：东岱艮趾，列刹相望。寺以泉名，其源溢长。始自王屋，汇为清济。经河伏地，纡回千里。乃于是中，泻为泉泌。自南暨北，七十有二。曰都曰醴，曰劳曰糠。在彼南山，实为滥觞。"

南泉寺，历经风雨，屡败屡建。如今，南泉寺已成为一片废墟，仅山门后的石钟亭被保存了下来。这是一座建于明代时期的钟亭，秉承了明代建筑大气厚重的特点。钟亭的石柱上有对联一副，上联"声偕六律达三界"，下联"韵叶五音澈九霄"，横题"赞和"。

南崖泉

南崖泉位于南部山区仲宫街道东郭村南太甲山山腰处,海拔453米,因在南山石崖而得名。泉在太甲山,又名"太甲山泉"。

泉水自石罅中流出,石罅内为一石洞,不阔,但深不可测。泉水出露形态为渗流,流出后入浅水池,常年不竭。浅水池南北长2.6米,宽1.2米,深0.4米。泉水又自池内流出,顺山崖流入南泉子峪,最终汇入锦绣川。该泉过去是牧羊人和羊的饮用水源,老百姓称之为"饮羊泉"。如今,泉水成为游客饮用水源。经检测,泉水pH值为7.8,呈弱碱性。

南崖泉　董希文摄

太甲山摩崖造像　董希文摄

在南崖泉西侧有三尊唐代摩崖石刻佛像，佛像均系高浮雕，刻工细致，面庞端庄，两坐一立，具有隋唐风格。这些造像对研究唐代佛教史与雕刻艺术具有重要价值。2013年，太甲山摩崖造像被公布为省级文物保护单位。

泉子峪泉

泉子峪泉位于南部山区仲宫街道于家洼村南泉子峪尽头的大堰下，海拔 236 米，因在泉子峪而得名。

泉水出露形态为涌流，自大堰下约 1 米深的洞穴石隙中流出，入边长 1.5 米的水池，久旱不涸。雨季泉水顺山势漫流，向北汇入锦绣川。经检测，泉水 pH 值为 7.8，呈弱碱性，是较好的饮用水。

泉子峪在油篓寨山下，虽叫"泉子峪"，但泉并不多，实则是一个大果园。果树把整个峪沟封得严严实实，苹果树、梨树、桃树、山楂树、柿子树、核桃树等应有尽有。

泉子峪泉　董希文摄

西泉子

西泉子位于南部山区仲宫街道于家洼村西南 300 米处，海拔 272 米，因在村西而得名。

泉池呈长方形，长 1.2 米，宽 0.7 米，深 0.2 米。泉水出露形态为渗流，自池内岩石缝隙流出，积于泉池。泉水不大，但四季常流不息，清洌甘甜，过去系村民赖以生存的水源。经检测，泉水呈弱碱性，pH 值为 8.0。据村委会委员马洪山介绍，这是一个老泉子，无论天气如何干旱，泉水都从未断流。他从小就喝这个泉水。尽管现在村里安装了自来水，但仍有村民来此提水。到了夏天雨水丰沛的时候，泉水流量很大，会溢出小泉池，顺着山沟向下流入锦绣川。

西泉子旁山坡上种满梨树，春季梨花盛开，遍山雪白，煞是美丽。经过泉水的滋养，村民种植的库尔勒香梨口感甜润、脆爽，格外好吃。

西泉子　董希文摄

水石屋泉

水石屋泉位于南部山区仲宫街道邱家村东南3公里青龙山山腰，海拔431米，因泉眼在俗称"水石屋"的天然岩棚内而得名。

水石屋为一天然溶洞，外口宽25米，高20米，纵深23米，泉眼处有小洞，洞宽2米，高1.5米，深不可测。泉水出露形态为渗流，自洞内流出，汇入石棚内浅池，常年不竭。丰水期水大溢出，滚滚流向锦绣川，村民用水管将泉水引入山下水池，作为饮用和农田灌溉之水。

据当地老人讲，泉下峪沟叫"毛家峪"，是当年居住在邱家村的毛

水石屋泉　董希文摄

水石屋　董希文摄

鸿宾耕作之处。当年，他与李庆翱、李鸿畴在此汲泉煮茶，吟诗作赋。民国《续修历城县志》中有毛鸿宾《归田记》："别业在城南五十里中宫镇迤东八里之裘（邱）家庄，盖锦绣川地也。咸丰三年，余奉天子命来劝团练，数至其处，爱其溪山秀丽，风俗淳古，低回留焉不忍去。时李小湘太史偕来，与有同志，遂谋购一廛而分居焉。价不千金，得草屋三十余楹，山田四十亩，花果树百二十余株。"现存毛鸿宾故宅遗址。毛鸿宾曾在此赋诗："小楼近水起三楹，书册纷罗笔砚精。更汲清泉烹活火，槐云竹雨泻瓶笙。""溪山如障屋如船，真个桃园别有天。愧我书生肄戎马，披图空自说归田。"

小峪泉

　　小峪泉位于南部山区仲宫街道稻池村南 1 公里小峪南山坡石岩下，海拔 275 米，因在小峪而得名。

　　泉水出露形态为涌流，自石岩小洞中流出，沿石砌水渠流入 4 米见方的水池中。泉水清洌甘美，四季不涸，为村民饮用和农田灌溉之水。

小峪泉　陈星摄

小峪泉泉池　董希文摄

水大时溢出水池流向山下，北入锦绣川。

  在小峪泉西山坡另有一泉，当地老百姓也称之为"小峪泉"。泉水自半山坡石缝中流出，四季不竭，入长2.5米、宽1.5米、深1.5米的池中，村民用水管将泉水引至山下饮用或用于农田灌溉。泉周边方圆20米长满茂盛的芦苇。东西两小峪泉中间由小山岭相隔，泉眼对峙，就像龙的两只眼睛，因此，两泉又合称为"龙眼泉"。经检测，泉水pH值为8.2。

朱家峪泉

朱家峪泉位于南部山区仲宫街道稻池村南2公里朱家峪牛尾山崖下,海拔337米,因在朱家峪而得名。

泉水出露形态为渗流,常年不断,水质优良。经检测,泉水pH值为8.1,呈弱碱性,是较好的饮用水。泉水自山崖石罅中流出,入3米见方的石砌水池中,之后流入下游大型蓄水池,该蓄水池可蓄水3000余立方米,有利于农田灌溉。

朱家峪三面环山,风光秀丽,一年四季风物各异,终年泉水汩汩,山高水润,真可谓"深山藏幽谷,幽谷响灵泉"。

朱家峪泉　董希文摄

稻池古井

　　稻池古井位于南部山区仲宫街道稻池村内,海拔163米,因地处稻池村,并且建村时就有该井而得名。泉井在村民武德财宅院南墙外,井深5米。泉水自井下向上涌出,水量较大,四季不竭。村民用水泵将泉水输入家中饮用,现井内有大大小小的水泵10余个,供300余人用水。经检测,泉水pH值为8.1,呈弱碱性,是较好的饮用水。

　　村内有稻池惨案遗址,记述了当年日本侵略者在济南南部山区犯下的滔天罪行。2006年6月,仲宫镇人民政府在惨案遗址建立纪念碑,此地也成为爱国主义教育基地。

稻池古井　董希文摄

聚宝盆泉

聚宝盆泉位于南部山区仲宫街道办事处西路家庄西北约 1 公里处，火龙寨山下寺峪沟内，海拔 220 米，因泉池形似聚宝盆而得名。

泉池为自然水潭，泉水出露形态为涌流，常年不涸。泉的上方是高 5 米呈环形的木鱼石崖壁，崖下水潭呈梯形，最深处有 1.5 米。环形崖壁上长满绿色苔藓，潭水呈草绿色。崖壁与潭水浑然一体，远远看去犹如一个绿色的聚宝盆。每年丰水期，泉水涌流如瀑，泻入潭中，哗哗作响。在聚宝盆泉两侧的山崖上，四五处泉水自崖缝中汩汩流出，与聚宝盆泉水汇合，沿寺峪流入锦绣川。据当地老人讲，大旱之年，周边四五个村的村民没水吃，就都到聚宝盆泉取水。

聚宝盆泉　董希文摄

东路白云泉

白云泉位于南部山区仲宫街道东路家村北峪1公里处香炉山下,海拔214米。因夏秋季节这里经常白云缭绕,故取名"白云泉",又名"四清泉"和"四清池"。

泉水自井下石缝中流出,出露形态为线流。20世纪60年代中期,村民在泉南5米处修建一座长8米、宽6米、深3.5米的水池,泉水自井内流入水池,供村民饮用和灌溉农田之用。池东侧香炉山悬崖陡壁,十分峻峭。山腰处有山洞两处,村民称之为"龙眼洞"。池东20米处石崖下石洞高60厘米、宽40厘米,雨季泉水从洞中涌出,哗哗作响,水势很大,村民说此洞东连东海。现在此处有机井一眼,是村民饮用水源。经检测,泉水pH值为8.1,呈弱碱性,是较好的饮用水。

白云泉泉池　董希文摄

牛角泉

牛角泉位于南部山区仲宫街道东路家村北峪 2.5 公里曹家洼最后一块地堰下洞内，海拔 401 米，因在牛角山根而得名。

泉洞口高 1.1 米，宽 0.6 米，洞深 1.8 米。泉水自洞内石缝中流出，流入洞外 3 米处小水池。水池长 1.5 米，宽 1.2 米，深 1.2 米，用于灌溉农田。牛角泉为季节性泉，雨季开泉，入冬时节停流。在牛角泉下 150 米处路边也有一泉，泉旁写有"龙眼泉"三字。据村党支部书记陈学武介绍，这是个无名泉，可能是"驴友"写上的泉名。泉上火龙寨风光独秀，泉外小竹林郁郁葱葱，泉下北峪沟壑相连，峪内果树满坡。

牛角泉　董希文摄

刘家北泉

北泉位于南部山区仲宫街道办事处刘家村北锦绣川北岸山崖下，海拔 188 米，因在村北而得名。

泉池为石砌，有南、北两池。北池长 6 米，宽 5 米，深 2 米。南池长 23 米，宽 11 米，深 2.6 米，池中有水车和垂钓平台。泉水出露形态为线流，自山崖下石洞中流出，向南折向西流入第一水池，之后流入南侧大型水池，最终向西汇入锦绣川。泉水常年不竭，清澈甘洌。经检测，泉水 pH 值为 8.0，属优质活性弱碱水。村民在泉北侧开设垂钓园，并开办渔家乐，深受游客青睐。此处背山面水，树木成荫，一年四季泉水淙淙，有"小江南"之称。

北泉垂钓园　董希文摄

沟帮泉

沟帮泉位于南部山区锦绣川办事处杨家洼村西北1公里山崖下,海拔227米,因在河沟帮而得名。泉水自山崖石罅中流出,流入长1.3米、宽0.5米、深2.5米的石砌井中,夏秋季节溢出井口,汇入锦绣川。泉水出露形态为线流,常年不竭。经检测,泉水pH值为8.1,呈弱碱性,水质优良,是村民生活用水。

沟帮泉　董希文摄

阴阳泉

阴阳泉　董希文摄

阴阳泉位于南部山区锦绣川办事处杨家洼村北300米大佛路西侧，海拔241米，因有阴、阳两泓泉水而得名。泉水自石崖缝隙流出，出露形态为线流。两泓泉水均流入长12米、宽6米、深4米的蓄水池，之后汇入锦绣川。据传说，"阳"水，象征男性阳刚之气，男人在此泉池洗浴，可获得无穷的青春活力。"阴"水，象征女性阴柔之美，女人在此泉池沐浴，可以滋润肌肤，美容养颜。

道士泉

道士泉位于南部山区锦绣川办事处大佛寺村南拦河坝下河东侧,该泉因过去为道观所用而得名。据称,附近曾有道观、道士墓地等。

泉水自崖隙中流出,出露形态为线流,汇成溪流,绵延流淌。泉水甘纯,煮后无垢。据村民说,用道士泉的水做豆腐,不用点卤就能成形,而且比用其他的水做的豆腐清香可口。于是,人们又称此泉为"豆腐泉"。直到现在,仍有老人用该泉水做豆腐,做出的豆腐质量上乘,特别好吃。经检测,泉水 pH 值为 7.8。

道士泉　董希文摄

道士泉新貌　董希文摄

明晏璧《济南七十二泉诗》曰："北渚南山碾石涡，寒泉迸涌寺东坡。种桃道士知何处，偏爱灵泉种得多。"诗中详细地交代了道士泉的地理位置和周边景物，为寻泉者提供了极大的方便，现在仍可按照诗中的描述找到该泉。清道光《济南府志》中称，道士泉"在大佛寺东坡"。大佛寺村，昔日有大佛寺，清末民初已凋敝，现仅存极少量的墓塔石和石雕柱础。道士泉即在大佛寺遗址东侧的山坡下，无泉池，村民又称之为"南泉"。

清泉

清泉位于南部山区锦绣川办事处大佛寺村南,通往青铜山大峡谷景区的公路桥下洞内,道士泉北,海拔288米,因泉水常年清澈甘甜而得名。清康熙、道光《济南府志》均著录。

泉水出露形态为线流,汛期水量较大,四季不涸,直接流入大佛寺村南面积约1000平方米的塘坝,后经溢水口泄出,与道士泉之水汇合,流入锦绣川。泉边溪畔,杂木笼荫,花开三季,风光无限。

清泉塘坝　董希文摄

莲花泉

莲花泉位于南部山区锦绣川办事处大佛寺村北，海拔 302 米，因泉水涌出似莲花而得名。2014 年新定名为"青龙泉"。

莲花泉原本在直径 1.5 米的天然石坑中，泉水自坑底汩汩涌出，形态别致，如同一朵盛开的白莲花。20 世纪 90 年代，村民在此处建起了长 11 米、宽 7.3 米、深 2 米的水池，并建提水站将泉水提至高处，使全村吃上了自来水。现在大佛村 600 多口人都喝这莲花泉的水，其余之水流入小河，汇入锦绣川。泉水冬暖夏凉，深冬季节泉边水汽蒸腾，而炎热的夏天，莲花泉四周一片清凉，村民在泉边休闲聊天，其乐融融。王

莲花泉　董希文摄

莲花泉

莲花泉旧貌　董希文摄

传林老人就住在莲花泉附近，他每天早上起床的第一件事就是来喝一口莲花泉水。他说："这个泉水神着呢，常喝能强身健体，还能治拉肚子呢！"有一年，村里有一位老太太拉肚子，好几天都治不好，她就让儿子来接莲花泉的水，喝了几回就好了。于是，村民们只要有人拉肚子，就来接这里的水喝。

百花泉

百花泉，古时称"白花泉"，位于南部山区锦绣川办事处大佛北崖村南公路西侧济泰高速公路桥下，因群泉簇涌、浪花翻腾而得名。

元《齐乘》云："白花泉，在大佛山西。"明崇祯《历城县志》载："白花泉，大佛寺东。飞泻漫流，曲尽幽姿。流经孤山，入锦绣川。"明晏璧《济南七十二泉诗》曰："石泉流出白花浮，喜傍禅林似虎丘。好悟西来空色意，世间万事等浮沤。"清康熙《济南府志》载："白花泉，在大佛寺东。

百花泉　董希文摄

济泰高速在百花泉上方通过　董希文摄

旧志云飞泻漫流，曲尽幽姿，流经孤山，入锦绣川。"以上记载均称"白花泉"在锦绣川。清乾隆《历城县志》没有记载该百花泉，但记载了锦云川百花泉："锦云川水又西，屈而东流，左会百花泉水。"清聂剑光《泰山道理记》载："锦云川水，经出泉沟，大黑山寨北，屈从东北流。左会百花（枝）泉水，又北会双泉水。"两志均记载"百花泉"在锦云川。1990年《历城县志》载："白花泉，在高而西北孙家崖西邻。"2013年《济南泉水志》和2014年《历城区志》均记载：百花泉，位于仲宫镇锦绣川北崖村。白花泉，位于仲宫镇孙家崖村泉子峪。三志书为何将白花泉、百花泉的泉址在锦绣川和锦云川之间颠倒，待考。

　　百花泉泉水出露形态为涌流，自崖下洞穴中涌出，汇入长8米、宽1.6米的长方形石砌水池中，再由池西南壁溢水口流向20米远的大佛寺水库（亦称"百花泉水库"）。泉水四季不涸，水温恒定，冬季水雾蒸腾，夏秋季水量颇大，湍流成河。大旱之年仍可满足800多位村民生活用水，并能灌溉数百亩良田。如今，在政府扶持下，村民改造河道，整修水库。整修后，这里杨柳依依，泉水淙淙。2020年通车的济泰高速公路架设在百花泉上，又增添了一道亮丽的风景线。

陈家老泉

陈家老泉位于南部山区锦绣川办事处大佛寺村中小河东侧，海拔292米，因在村民陈学胜家院中，历史又非常久远而得名。

陈家老泉　董希文摄

该泉无泉池，泉水自院墙根流出，出露形态为涌流，四季不涸，由水管输至院外，汇入锦绣川。附近村民常用此水来洗衣、做饭。据当地人说，早年泉畔立一虎头，亦有碑文，后遗失。经检测，泉水pH值为8.1，呈弱碱性。泉外是大佛峪河道，常年流水。泉对面河西侧也有一泉，并有蓄水池，用于农业灌溉。

北崖灰泉

北崖灰泉位于南部山区锦绣川办事处北崖村北,海拔 423 米。为与灰泉村的灰泉相区别,故称此泉为"北崖灰泉"。

泉由上、下两泉组成。泉水出露形态为线流,常年不竭,为当地村民饮用和农业灌溉主要水源。2021 年 7 月 2 日泉水普查时,上方泉池有泉水自石缝中缓缓流出,流入长 6.5 米、宽 3.6 米、深 1.2 米的长方形蓄水池,水面距离池沿 0.5 米。泉水出露处上方有两个方形出水口,当时没有出水。2021 年 8 月济南泉水普查时,下方泉池出水量不大,泉水由残缺的石雕兽头流入长 8 米、宽 1.6 米的蓄水池。池底泉水清澈,水深 0.3 米。泉旁有钟乳石,部分遭损毁。

北崖灰泉　董希文摄

老庄泉（青松泉）

老庄泉，又名"青松泉"，位于南部山区锦绣川办事处老庄村，海拔 372 米。泉以村得名。1966 年建水池时立一小碑，上书"青松泉"。

老庄泉分东、西两泉。东泉泉井呈长方形，由乱石砌垒，井深 3 米，幽暗深邃。泉水在井底流出，水面距离井沿 1.5 米，专供泉边一户村民

老庄泉（青松泉）西泉环境　董希文摄

老庄泉（青松泉）

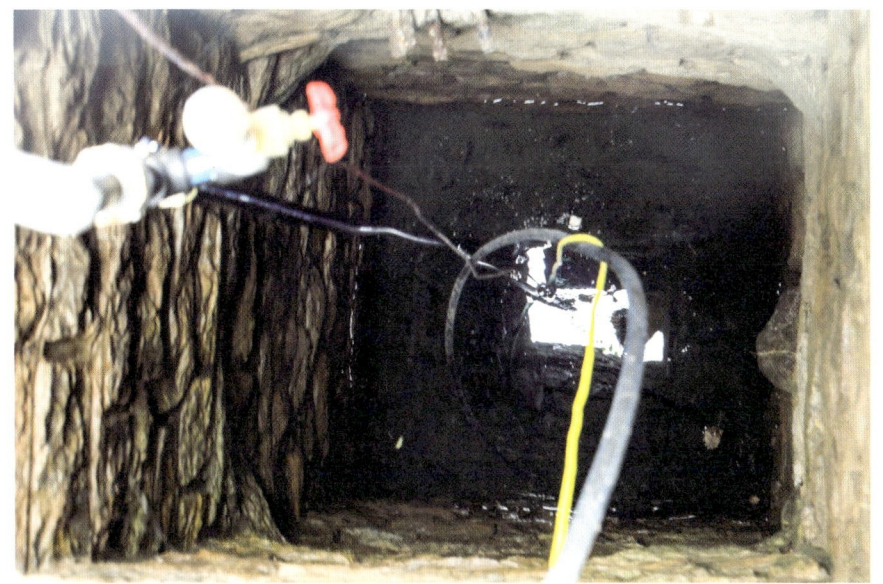

老庄泉（青松泉）东泉　董希文摄

使用。西泉在水池内，泉水出露形态为线流，自水池上半部石缝中流出，入 1966 年修建的大型水池。大型水池由青石砌垒，长 16 米，宽 5.5 米，深 3.6 米，由水泥板封盖，留有取水口。池内有提水管道将泉水引入家家户户，供全村生活用水。

老泉（胜利泉）

老泉，又叫"胜利泉"，位于南部山区锦绣川办事处东崖村，海拔455米。泉在建村前就有，故名"老泉"。

老泉有两泓，一泓在村东1公里石婆婆岭下。泉水出露形态为线流，常年自崖缝中流出，四季不涸，清洌甘美。泉水经铺设的输水管流入东崖村，供村民饮用。泉西北60米处有山洞，曰"三仙洞"，其中最西段洞穴用青石起拱券，安有木门窗，洞内供奉佛像8尊。洞外有碾砣等遗物。

另一泓在东崖村村民何贞奎的房后。泉水出露形态为渗流，水量不大，

老泉（胜利泉） 董希文摄

老泉（胜利泉）西北山洞 董希文摄

老泉（胜利泉）

老泉（胜利泉）上管护房　董希文摄

四时不涸，是村民饮用水源之一。1968年在泉井上建管护房，庇护泉井。井深15米，直径2米，井口直径0.6米。为纪念泉水开凿成功，此泉取名"胜利泉"，管护房墙壁立石碑一通："最高指示：人民，只有人民才是创造世界历史的动力。胜利泉。翻身不忘共产党，饮水想起打井人。全体贫下中农为抗旱、饮水，不怕艰难险阻，昼夜奋战，用一年时间打完。一九六八年。"

南甘露泉

南甘露泉位于南部山区锦绣川办事处青铜山南峪，海拔436米。该泉因在大佛寺附近，当年是寺院用水，故得名"甘露泉"。为了与佛慧山开元寺的甘露泉相区别，故又名"南甘露泉"。

泉水出露形态为线流，自大山脚下石罅中流出，流入长1.7米、宽1

南甘露泉　董希文摄

南甘露泉

米的小水池，之后经水管流入长 12 米、宽 8 米、深 3 米的蓄水池。汛期，泉水溢出水池流向下方，最终汇入锦绣川。

清道光《济南府志》载，"南甘露泉，在大佛东南，东西两股清流，如漱珠玑，哗哗有声，蓄水成池。四周高峰峭立，翠柏郁森，中央为沃土，山坡果树溢香，畦中菜蔬肥壮，皆由此泉水浇灌"。明晏璧《济南七十二泉诗》咏道："佛顶巍巍青插天，滴来甘露化流泉。南风六月为霖雨，远借恩波溉井田。"

青铜山大佛　董希文摄

泉池西北青铜山有"齐鲁第一大佛"石窟造像，窟内主尊佛像俯视，表情慈祥。从造像的整体风格来看，应该开凿于隋开皇时期。石窟中大小造像共计 11 尊，保存完好，雕工精细，神态生动，对研究隋唐文化和佛教艺术具有重要价值。

青铜山大峡谷风景区位于青铜山南麓，以大佛石窟深厚的历史文化底蕴和秀美的山水峡谷资源为基础，打造了诸多景点和多处泉水景观，游人络绎不绝。

龙涎泉

龙涎泉位于南部山区锦绣川办事处廒而庄村南凤凰山下明真观西北50米。20世纪60年代修建泉池时名为"四清泉"，后因在泉口处置一龙首，故改名为"龙涎泉"。

泉因在明真观，旧称"明真泉"。据2017年《古城名泉》载，明真泉历经千秋岁月，风雨沧桑。2004年，明真观获得第六次新生，泉也伴随道观重现生机，泉与观共生共存。

泉水自石堰洞中流出，出露形态为线流，水势旺盛，四季不涸。泉水又自石雕龙首口中汩汩流出，汇入泉眼下方长、宽约5米，深约3米的水池内，再由池内分流向两方。一方泉水被水管引入明真观，作为观内用水，另一方泉水沿池壁流向下方泉池，用于农业灌溉。龙涎泉在2013年济南首届泉源文化节活动中，被评为"仲宫三十六名泉"之一。

该泉三面环山，西北凤凰山松柏掩映，草木繁盛。泉池左上方生长着一棵百年老桑树。传说，很久以前附近村里一个姓孙的老汉砸了道观内不少神像、石碑，还破坏泉脉。后来，孙老汉的眼睛突然看不见了。孙老汉告诉人们，他眼睛瞎的前一天晚上做了一个奇怪的梦，梦见有三个老太太追着他一边打，一边拿锥子刺他的双眼。那三个老太太长得特别像明真观三霄娘娘殿里的三位娘娘。没想到第二天醒来，他的眼睛便瞎了。后来，有人想把龙涎泉用石板围起来，于是就拿被砸坏的石碑来修水池。没想到的是，水池修好后总是存不住水。人们修来修去，不知

龙涎泉

龙涎泉　董希文摄

龙涎泉泉池　董希文摄

《重修明真观记》石碑　董希文摄

道修了多少次，水池里的水都神秘消失。再后来，人们便不敢再用石碑修水池了。

据明真观内2004年重修明真观时所立石碑记载："……该观始建于隋朝，在唐代为佛教场所，名为'小庵'。到明朝始为道教所有，改称'明真观'。后至清顺治十二年、乾隆九年、嘉庆六年、光绪十五年等多次重修、扩建而成。有东、西两院，殿堂27间，道众10余人，方圆数十里善男信女顶礼膜拜，香火旺盛……""文革"期间，明真观殿堂被毁，道众被遣散，直到2004年10月得以重新修复。

琵琶泉

琵琶泉位于南部山区锦绣川办事处黄崖村东北小峪沟内,海拔232米,因泉出石涧泠泠有韵而得名。

琵琶泉为历史名泉。明崇祯《历城县志》载:"琵琶泉,在黄泥沟东北。泉出石涧,泠泠有韵。流至孤山,入锦绣川。"清郝植恭《七十二泉记》载:"曰琵琶,浔阳之旧曲也。"《浔阳曲》即《春江花月夜》,是一首著名的琵琶独奏曲,意境深远,乐音悠长。郝植恭将琵琶泉之韵与古琵琶曲《浔阳曲》联系在一起,可见此泉音韵之美妙。

琵琶泉　董希文摄

琵琶泉景观　董希文摄

  琵琶泉无泉池，泉水出露形态为线流，自多处山岩缝中流出，汇聚成溪，顺势西流，至街道有出水口，水势较大。泉水穿街过巷，沿街边沟渠潺潺流淌，至孤山脚下折向南，入锦绣川。现在峪沟内翠竹郁郁葱葱，重重叠叠。泉水在树荫之下，哗哗作响，虽无琵琶之韵，但仍可闻泉水泠泠之声。据村民讲，当年这个地方叫"黄泥沟"，峪沟很深很长，还流传着一首歌谣："黄泥沟呀万丈深，鸟蛋落下已出身。沟壑连绵千丈远，泉水潺潺有琴韵。"

会龙泉

会龙泉位于南部山区锦绣川办事处牛家村锦秀源生态基地院内，海拔209米。泉井深5米，泉水自井下东南、正南、西南三个方向的岩缝中涌出，传说是三条蛟龙的涎水相汇，故得名"会龙泉"。又因泉井内三股泉水喷涌而出，故又名"小趵突泉"。

20世纪80年代，村民填河造大寨田，将此井掩埋。直到2002年，济南市民欧阳先生来此租用土地，将此泉挖出，重现了三股泉水相聚的景象。三股泉水源自不同泉脉，泉眼处分别采出红、黑、青三种矿石（分别是木鱼石、黑铁石、石灰石），堪称奇观。2014年，以此泉为源，在此建成一家生态水厂。

会龙泉　董希文摄

柳泉

柳泉位于南部山区锦绣川办事处北坡村西首柳泉观，海拔 285 米，因泉边垂柳成荫而得名。

柳泉为历史名泉。明崇祯《历城县志》载："柳泉，太微观西，流入锦绣川。"太微观，又名"柳泉观"。明晏璧《济南七十二泉诗》赞曰："杏花开遍柳垂丝，柳下清泉漾碧漪。莫折柔条留系马，绿荫深处听黄鹂。"

柳泉　董希文摄

柳泉泉井呈椭圆形，水势颇大，久旱不涸。经检测，泉水 pH 值为 7.6。泉水出露形态为线流，自井壁缝隙流出，其中一股经管道伏流至东侧 2006 年重修柳泉观时在大殿前修建的水池，自两石雕龙首口中吐出。池边有柳树和银杏树各一株，泉、池、树相映成趣。另一股则伏流至南侧观院墙外一井池，方便观外人取水，之后又伏流至南侧面积约 2000 平方米的柳泉水库。水面青萍浮动，绿藻婆娑，水鸟闲游，云霞飞渡。东壁留溢水口，泉水

柳泉

柳泉泉池　董希文摄

柳泉观院外柳泉取水池　董希文摄

柳泉观全貌　董希文摄

　　自此泻出,穿越山谷,浇灌农田,南入锦绣川。水库四周杨柳垂翠,红杏满坡。远处青山崔巍,松柏苍郁,云岚苍茫,风光无限。

　　柳泉观因泉而得名,而柳泉早在金代就载入《名泉碑》。当时道教全真派盛行一时,由此推测,此观已经有近千年的历史了。明代《重修柳泉观碑》记载:"山川胜境又天造地设以饷遗后人者乎?至其地,则见翠柏银杏苍蔚于左右,泉池花木交错于门前;升起堂,仰观马头风门,诸峰起伏隐现于云雾中,群山排闼而送青;俯视殿前之杏林,川内之泉面,红白错杂,会归眼底。时届溽暑,风来自清,泉寒而冽,虽功名势中之士,强悍难驯之夫,徐徐入观瞻拜神像,未有不静焉而凉、贴然而服者,然后叹神道之寒爽,实足以化民而服天下也。"

大泉

大泉,又名"马蹄峪泉",位于南部山区锦绣川办事处大泉村南首,海拔277米,因水量较大而得名。又因过去此处名曰"马蹄峪",故此泉又叫"马蹄峪泉"。

明崇祯《历城县志》载:"马蹄泉,华岩寺下,一名大泉,寺废泉流,堪为于邑,故香岩禅师云'水声呜咽空啼鸟,山色凄其不见僧'。其流径孙家庄,入锦绣川。"又载,"华岩寺,元建,今废"。清道光《济南府志》载,"马蹄泉,在马帝峪华岩寺下"(马帝峪即马蹄峪),并

盛水期大泉滚滚流向锦绣川　董希文摄

大泉周边环境 董希文摄

引清康熙《济南府志》语"一名大泉,寺废,泉流经孙家庄,入锦绣川"。清乾隆《历城县志·卷八·山水考三》称:"马蹄峪,在南泉寺东,涧壑幽邃,流水无声,有桃源之胜,水入锦绣川。"

大泉之名,据传系济南德王府右长史、著名诗人许邦才所题。明嘉靖年间,许邦才在南泉寺隐居时来此游览,见泉水盛大,清之如翠,甘之如饴,陶然沉醉,感慨万千,当即题写了颇为壮观的"大泉"二字,并立碑记之。此碑因年代久远,岁月流逝,无从考证。2004年,大泉被评为济南市新七十二名泉,久负盛名的大泉实至名归,古老的大泉承载着悠远的文化历史渊源涌流不息。

大泉原来无泉池,20世纪70年代为蓄水,村民在泉外修建占地面积近4000平方米的大型池塘。大泉有多处泉眼,主泉眼位于池塘南侧,西侧也有一处泉眼,泉水水量较大。2018年在两泉眼处修建了两个由自然石围成的泉池。泉水出露形态为涌流,平均出水量达54立方米/小时,久旱不涸,有灌溉之利。水盛时从溢水口流出,经山溪北流入锦绣川。

2020年兴建的济泰高速公路在大泉东侧通过,距离大泉800米处是高速立交桥,使游客游览大泉更为便捷。

悬泉

悬泉位于南部山区锦绣川办事处大泉村南马蹄峪无儿寨山半山腰,海拔 470 米,因泉水出露点悬在山腰而得名。

悬泉系济南七十二泉家族中的"三朝元老"。金《名泉碑》记载:"曰悬泉,中宫东。"明晏璧《济南七十二泉诗》曰:"百尺流泉石上悬,龙归洞口散晴烟。曾从五老观飞瀑,倒挽银河落九天。"清郝植恭《济

悬泉　张振山摄

悬泉周边环境　董希文摄

南七十二泉记》载："曰悬泉，以其形也。"

　　泉水出露形态为线流，四时不涸。泉水自石罅中流出入自然水湾，之后入小水池，汛期水量大增，经大泉村入锦绣川。现村民用管道将泉水引至山下，供人畜饮用。据大泉村村民钟林先生讲，原来悬泉是在山半腰，为了吃水方便，人们在泉下抬高地基，修蓄水池把泉眼盖住了。

北薄罗泉

北薄罗泉位于南部山区锦绣川办事处大泉村南 800 米处、去往北寺村的路东侧石崖下，海拔 386 米。

清道光《济南府志》载，"北薄罗泉，在马蹄峪东""泉端有连理树"。泉水自石崖下多处石罅中涌出，出露形态为涌流。最大的两处泉水分别在南段和西崖下，自石罅中蹿出 40 厘米高，十分壮观。泉水汇入池中后，流向山下，过大泉村入锦绣川。早年泉水供村民饮用，现主要用于农业灌溉。2020 年泉水考察时没有发现泉端有连理树，可能已被伐除。

北薄罗泉　董希文摄

水波泉

水波泉位于南部山区锦绣川办事处大泉村南北寺自然村,海拔421米。该村原有一座寺庙,名"北寺"。现寺庙已荒废,只有遗址尚存。泉在寺庙遗址西侧50米处。泉水在泉池内石缝中流出,出露形态为线流,四季不涸,水量较大。汛期泉水自池中溢出,经山溪流向锦绣川。

清道光《济南府志》载"水波泉在水峪"。清康熙《济南府志》云"流入锦绣川"。清乾隆《历城县志》援引明崇祯《历城县志》语:"水峪,在马蹄峪东,内有三教堂,清幽莫匹。"

水波泉　董希文摄

凉水泉

凉水泉位于南部山区锦绣川办事处凉水泉村南，海拔292米。泉水自南山北流，因中间被一座名为"庙子岭"的小山岭东西分隔，故名"两分泉"。后因泉水清凉，且"两""凉"谐音，便改称为"凉水泉"。

泉池呈井形，井深1.5米。泉水出露形态为涌流，自井池中涌出，北流5米进入暗渠，汇入长26米、宽12米、深3米的石砌水池。水中青藻浮动，池边垂柳依依，泉边花果飘香、菜蔬肥壮，景色宜人。水盛时自池中溢出，依山势下泻，北入锦绣川。

凉水泉　董希文摄

里峪泉

里峪泉位于南部山区锦绣川办事处毛家峪村西南 1.5 公里，海拔 361 米，因位于毛家峪村南里峪而得名。泉水自官山顶山下峪沟内的石堰中涌出，流入 1 米见方的小水池。又经小水渠流入 4 米见方的大水池，盛时流入锦绣川。现村民用水管引泉下山饮用，还可用于农业灌溉。

里峪泉　董希文摄

大洼山洞泉

　　大洼山洞泉位于南部山区锦绣川办事处西南峪村大洼自然村南山腰，海拔336米。山洞泉泉眼在山腰自然山洞内，水量很大。泉水出露形态为涌流，流出洞口后，入20世纪60年代修建的大型蓄水池。现村民将洞口用料石砌垒，并券一拱门，用水管引泉至大洼村南蓄水池。蓄水池长3.7米，宽3米，深1.9米，供村民饮用或作农业灌溉，池上用水泥板封盖。

大洼村南蓄水池　董希文摄

白菜滩双泉

双泉位于南部山区锦绣川办事处白菜滩村东南苦路峪上端，海拔456米，因在白菜滩村且有东西相对两泉而得名。村民又称之为"南泉"。泉上为山门轿子山，泉东即红叶谷景区香巴拉休闲谷。

西泉在一巨石下，泉水自石缝隙缓缓流出，出露形态为滴流，滴滴答答流入长1.5米、宽0.4米的水湾，之后流入长4米、宽3米、深1.5米的蓄水池。水盛时溢出水池，沿苦路峪流向锦绣川。泉池周边植被茂

白菜滩西泉　董希文摄

白菜滩双泉

白菜滩东泉　董希文摄

盛。东泉在西泉东 15 米处石堰下，泉水出露形态为线流，自石缝隙中潺潺流出，流入边长 2 米、深 0.8 米的方形水池，之后沿苦路峪流向锦绣川。泉池周边果树成林，郁郁葱葱，秋天红叶满山，风光无限。

白菜滩双井

白菜滩双井位于南部山区锦绣川办事处白菜滩村南峪沟路东侧,海拔383米,因在白菜滩村且有南北相对两井而得名。南井为泉源井,为人工汲水专用。泉井深2.5米,井口呈圆形,直径1米。泉水自井底石缝流出,出露形态为线流,水盛时溢出井口流向锦绣川。北井为村民饮用水源,井深3.5米,井口呈圆形,直径0.8米,与南井一脉相承。因此井较深,现被扩为储水井,井内有四根抽水管。两井均为乱石砌垒,在杨树林的庇荫下,环境幽静。

南井 董希文摄

北井 董希文摄

白菜滩双井 董希文摄

车泉

车泉位于南部山区锦绣川办事处车川村党群服务中心院墙外，海拔252米，因在车川村而得名。

车泉名列金《名泉碑》。明崇祯《历城县志》载："车泉，柳泉东，流入锦绣川。"明晏璧《济南七十二泉诗》曰："汉家闻有七香车，历下车泉夐可嘉。金井辘轳声轧轧，夕阳芳草噪寒鸦。"

车泉泉池为石砌长方形。泉水出露形态为涌流，水涌量大，从未干涸。池上建有管护房，并安装了抽水设备。泉水供全村人畜饮用，还可以灌溉农田。泉水沿石渠向南伏流至石砌长方形和半椭圆形水池，而后从池东壁流出，南入锦绣川。

车泉　董希文摄

据了解，车泉原来是天然深水坑，水深4米，安装有木质辘轳。水坑北侧是石崖，泉水自石崖下涌出。20世纪60年代，村民为了扩大水源，在泉池处深挖8米，并修建长4米、宽3米、深8米的泉井，水量大增。80年代，井上安装抽水设备，可提水至村上游蓄水池，供全村人饮用。泉井南20米处还修建了长25米、宽13米、深3米的石质蓄水池，用于灌溉农田或养鱼。21世纪，村民在池南续建了直径10米的半圆形水池，在池北墙壁花岗岩上刻了"车泉"两个金色大字，格外醒目。泉池南建有占地近3亩地的车泉广场，泉井东侧是车泉村党群服务中心。泉、池、广场与周边山、树、村落构成一幅美丽的画卷，夏日前来观光、汲水的游客络绎不绝。

黄钱峪泉

　　黄钱峪泉位于南部山区锦绣川办事处黄钱峪村北黄金谷峪口，海拔276米，因在黄钱峪而得名。泉水自崖缝涌出，汇入半封闭式长14米、宽5米、深3.5米的蓄水池，四季不涸。泉水又自池壁上部溢水口流至1966年修建的社教水库，盛时沿峪沟流入锦绣川水库。社教水库长40米，

黄钱峪泉　董希文摄

黄钱峪泉泉池　董希文摄

宽36米，深4米。水库大坝外东头有一石碑，上刻"社教水库"，中间是五角星，左侧刻有"黄钱生产队"，右侧刻有"一九六六年八月一日"。泉池在社教水库东北角大堰下，设有抽水机器房。大堰为1975年修建的大寨田，高15米，上部镶嵌有"农业学大寨"和"一九七五年冬"石碑。

传说，过去有一拾柴者在北山峪见一山泉向外淌黄铜钱，他为了独得其钱，就用草将泉堵上。但到第二天他再来拾钱时，泉子就只流水不淌钱了。人们希望该泉仍能向外淌钱，故称该泉为"淌钱泉"。

黄钱峪东泉

东泉，又叫"东泉子"，位于南部山区锦绣川办事处黄钱峪村东北百余米处，海拔296米，因泉水位于村东而得名。泉水自西堰下石缝中涌出，汇入长方形蓄水池，池水溢出后汇入外侧两方同样大小的泉池。泉池长1.2米，宽0.6米，深0.6米。泉水清澈甘洌，四季不涸。经检测，泉水pH值为8.1，呈弱碱性，是村民生活用水之一，也用于农业灌溉。水盛时流入锦绣川水库。

东泉周边环境　董希文摄

凤凰泉

凤凰泉位于南部山区锦绣川办事处北坡村东 50 米，海拔 329 米，因传说过去此处经常落凤凰而得名。

泉水自池东壁缝隙中流出，出露形态为线流，之后流入长 3 米、宽 2 米、深 2.1 米的蓄水池。口感甘甜，常年不涸。村民用水管将泉水输至村内饮用。泉池东石堰上嵌有石碑，上书"凤凰泉"。泉池下方有大型蓄水池，池长 13 米，宽 9 米，深 2 米。汛期水大，泉水溢出泉池外，汇入蓄水池，之后流入锦绣川。

凤凰泉泉池　董希文摄

锦绣川灰泉

灰泉位于南部山区锦绣川办事处灰泉村北50米,青铜山南侧双尖山下,北距林泉500米,海拔338米。因泉附近古有灰泉寺,故得名"灰泉"。

泉水出露形态为线流,自池北岩缝流出,经地下水管流入5米见方的封闭式水池,又经输水管道流入村户,供全村人饮用。在封闭式水池西侧,修建有长20米、宽5米、深2.5米的蓄水池。经检测,泉水pH值为8.1,呈弱碱性,口感甘甜,常年不涸,是村民生活用水之一,也用于农田灌溉。

灰泉蓄水池　董希文摄

林泉

林泉位于南部山区锦绣川办事处灰泉村西北玉皇山（又称"吊枝山""北顶山"）下，海拔329米，推测林泉因泉边林木繁茂而得名。

清道光《济南府志》中载"玉龙泉，在吊枝庵西岩"，"玉龙泉"即林泉。今泉池位于林泉观遗址西南隅山坡下，泉水出露形态为滴状水流，常年不涸。泉水从石罅中流出，跌落至下方小水池，又经管道流入下方长2米、宽1米的水池，再沿输水管道顺山势流下，入林泉观内，供观内用水和浇灌果园、农田。泉边林木繁茂，花果满坡。

林泉出水处旧貌　董希文摄

林泉观遗址　董希文摄

据林泉观道长介绍，林泉要比林泉观早，在唐朝以前就有了，观因泉得名。林泉南2里有1941年修建的林泉桥。林泉观位于林泉北侧下方，是一所古味甚浓的历史名观，此处曲径幽深，清流相伴。林泉观遗址现存有观音殿、凉亭和明景泰二年（1451年）《重修林泉观》碑。观音殿面阔三间，坐北面南，殿内两明一暗，供有三尊观音。现《重修林泉观》碑掩映在绿树婆娑之中，古意盎然。

《聊斋志异》卷六中有一篇讲刘亮采的故事，说济南诗人刘亮采是狐狸的化身。当年，他的父亲刘浦居林泉观，偶遇一位姓胡的老翁，两人相谈甚欢，遂成莫逆之交。刘浦当时因为没有子嗣而苦恼，胡老翁就以实相告，说自己其实是一只修炼多年的老狐狸，并说自己很快就要寿终正寝，可以投胎做他的儿子。刘浦刚开始不相信，到了晚上梦见胡老翁真的来了。之后，刘浦果然得了一个儿子，为之取名"刘亮采"。刘亮采长大后思维敏捷、乐善好施，后来做了官，受到一方百姓爱戴。据

涌泉泉群（下册）

林泉泉眼小水池　董希文摄

林泉观遗址修葺后的林泉泉池　董希文摄

林泉桥　董希文摄

林泉观道长介绍，刘亮采之父和胡老翁居住的地方就是林泉所在之处。或许那位胡老翁就是喝着林泉的水修炼成仙的吧。

明嘉靖十四年（1535年），济南诗派的重要诗人刘天民辞官归居，"日集宾友徜徉山水间"，往来于锦绣川两岸。后来，他把山西幽谷中的吊枝庵作为自己的别墅，隐居其间，躲避尘嚣。刘天民在林泉观与济南知名诗人李攀龙等相聚唱和，成为当时的诗坛盛事，而刘天民的诗作也大都是吟咏四周风光的。后来刘天民的儿子刘浦、孙子刘亮采也都出仕做官，且颇负诗名。刘氏三代的风光，使得林泉观周围成为刘氏家族的聚居地。

韩家泉

韩家泉位于南部山区锦绣川办事处潘家场韩家泉村，海拔 382 米，因村得名。韩家泉泉井全部用青石砌成，井口呈长方形，长 1.2 米，宽 0.6 米，井深 3 米，水面距离井沿 1.5 米。泉水自井底涌流而出，经检测，泉水 pH 值为 8.1，呈弱碱性，是村民生活用水之一。

韩家泉　董希文摄

韩家泉

韩家泉胡同　董希文摄

据村中老人讲,泉水甘甜,常年不涸,冬暖夏凉。寒冬腊月,水汽蒸腾,夏秋季节,云雾缭绕。雨季水量极大,泉水自井口涌出泻向山下,发出雷鸣虎啸般的声音,在很远的地方都能听到。现在,村民用水管将泉水引入家中饮用,十分方便。

潘家场官井

潘家场官井位于南部山区锦绣川办事处潘家场村东头河沟南侧,海拔423米,因泉在潘家场村,过去供全村村民用水而得名。

泉水自井下渗出,四时不涸,清澈甘洌。井深10米,水面距离井沿2米。经检测,该泉水pH值为8.1,呈弱碱性。井口由三块青石砌成,过去村民一直用辘轳取水。现村民吃上了自来水,井上只剩下支撑辘轳头的石架和支撑辘轳杆的立石。

井东5米处有两株古楸树,树高15米,胸围2.1米。井北30米处石墙上镶嵌着《合庄义井碑记》石碑一方,碑载:"当五行惟水最先,天水所关甚大,而人更垂赖之也。今潘家

潘家场古井　董希文摄

《合庄义井碑记》碑　董希文摄

场村中，素乏井水，汲水惟难……光绪八年，偶闻青州府沂都县有得道高人李翁，继请观水井一眼，众人踊跃争先出工捐资，并变卖官山坡地二百五十余亩，共化钱一千九百余吊……共襄成功云。大清宣统三年冬月上浣。"由碑文可知，当年该井是潘家场村唯一的一口生活用水井。

西峪泉

西峪泉位于南部山区锦绣川办事处潘家场西峪自然村西南山根处，距离西峪村 300 米，海拔 416 米，因在西峪而得名。

泉在涵洞中，自石罅中流出，出露形态为线流，集于自然水湾，水盛时沿涵洞流出，经山溪流向潘家场村，最终汇入锦绣川。

据西峪村刘存福介绍，该泉原来是一口浅井，泉水自石罅中潺潺流出。20 纪 70 年代造大寨田时，村民用青石建一涵洞，将泉水引至大堰外。泉水水量稳定，水质很好，当年西峪村都是吃这个泉水。现在村民吃上自来水，该泉水主要用于农业灌溉。

2021 年 7 月 2 日泉水考察时发现，该泉在大堰下涵洞，大堰高 5 米，涵洞口高 2.2 米，宽 1.65 米。涵洞总长 13.3 米，由外向里越来越窄，第一段长 2.1 米，宽 1.65 米，高 2.2 米；第二段长 9 米，宽 1.4 米，高 2.1 米；第三段长 3 米，宽 1.2 米，高 1.8 米。最后洞拐向右，深约 3 米。涵洞内凉气袭人，泉水缓缓流动。由于涵洞内没有做防水处理，泉水渗入地下，只有盛水期泉水才流出涵洞，流向山下。

西峪泉

西峪泉涵洞　董希文摄

官道古井

官道古井，又叫"唐王井"，位于南部山区锦绣川办事处潘家场村西古官道，海拔419米，因井水在千年官道旁，供行人饮用而得名。传说李世民东征行经该处在此小憩，取井水供人马共饮，故此井又叫"唐王井"。泉水在井底石缝中缓缓渗流而出，旱不枯，涝不溢，四季不涸，现在仍可饮用，也是农业用水。泉井由乱石砌垒，深3米，井口由五块石板拼成，长60厘米。井边柏树成林，井南一条古官道，蜿蜒至山顶。

位于潘家场村西部的这一段古道保留至今，路面由大小不一的石板、石块铺设而成，宽2米余，长约1500米，沿途风景秀丽，行歇于此，远山近景，尽收眼底，令人心旷神怡。

官道古井　董希文摄

官道古井

蜿蜒于山脊的古官道　董希文摄

根据镶嵌在村中古石墙上的三通石碑可知，该官道仅在清朝就维修过三次，一次是在道光二年（1822年），一次是在咸丰年间，另一次是在光绪三十二年（1906年）。为了保护古道遗迹，发展旅游产业，潘家场村"两委"维修了该段古道，新建凉亭、观光栈道，并引进金银花产业，让更多的市民到潘家场村采摘金银花，感受古迹遗韵，欣赏自然风光。

金刚纂泉

金刚纂泉位于南部山区锦绣川办事处金刚纂村南，海拔346米，因在金刚纂村而得名。

泉井呈六边形，直径0.6米，井深3米。泉水自井下涌出，雨季水大流入锦绣川。经检测，泉水pH值为8.1，呈弱碱性。泉西侧为窑洞式住宅区，房顶可种植蔬菜、花草。泉东侧山脚也有一泉，名曰"老龙湾"。老龙湾雨季开泉，泉水汩汩流入泉下水池，之后流入山下路边蓄水池。一通"老龙湾"石碑立在池边。在老龙湾水池西侧有宝葫芦形水池一座，池边建有船形民宿小屋，别具一格。

金刚纂泉泉井　董希文摄

金刚篆泉

老龙湾蓄水池　董希文摄

宝葫芦形水池　董希文摄

太昊三井

太昊三井位于南部山区锦绣川办事处金刚纂村东 500 米将军帽山根，海拔 450 米，因泉井过去在杨姓田边，又名"杨家泉"。2008 年山东兰竹画院院长娄本鹤先生探访杨家泉后，根据伏羲氏（太昊）画八卦的传说，称之为"太昊泉"。又因在不到 10 米内有三眼泉井，故有"十步三井"之说。2022 年将三眼泉井定名为"太昊三井"。

泉水出露形态为渗流，四季不涸，清澈甘甜，是村民饮用水源。一井在东侧大堰根，井深 3 米，水面距离井沿 2 米。二井在一井西侧 5 米处，

一井　董希文摄

二井　董希文摄

三井　董希文摄

井深 4 米，水面距离井沿 3 米。三井在二井西侧 4 米处，井深 3 米，水面距离井沿 2 米。三眼泉井属于同一泉脉，均为石砌，南侧还有一泓山泉，每逢雨季，泉水自大石板下汩汩涌出，沿山峪沟流向村内。古井、幽谷、崖壁、题刻及山村构成了一处自然景观与人文景观俱佳的休闲胜地。

因太昊三井在村东一自然山峪沟内，故村"两委"将此山峪命名为"太昊伏羲谷"，并利用自然风貌，打造人文景观，发展乡村旅游。今在山泉下修小水渠，将泉水引入泉下十几个浅水池，泉水顺山势层层而下，形成道道小瀑布。瀑布、池边建有休闲凉亭和蒙古包式民宿，沿路设葫芦长廊，并立多处名人题字石刻。泉井北侧的堰上镶嵌一方石碑，碑文载："本地金刚篆庄供（共）义（议）修井，而袁（原）不许上外村走水、饮牛羊。要有人看见不当（挡），罚共（供）一卓（桌）。合庄公议至之。大清乾隆五十七年（1792年）。"这是当时的村规民约。泉下自然石上镌刻骨刻文"泉"字。令人称奇的是，一块巨石上呈现的天然花纹，有的像古文字，有的像人形，有名人雅士称之为"天书石"。

太昊伏羲谷风光　董希文摄

红叶谷圣水泉

圣水泉位于南部山区红叶谷景区兴教寺，海拔438米。传说圣水泉为神仙所赐，故得此名。

泉水自龙山山崖一自然洞穴内潺潺而出，出露形态为线流，清澈甘洌，如同漱玉珠玑，跌入泉池，哗哗有声。之后溢出池口，顺山势流入绚秋湖。

泉水常年涌流不息，丰水年涌量每日近千立方米。此处，溪流飞瀑，花木扶疏，古寺傍名泉，钟磬伴水声，令人赏心悦目。圣水泉是红叶谷八大名泉之一，2004年被评为济南新七十二名泉。

泉四周山岭遍植黄栌，深秋叶红，艳若彤云。古寺、古树、古碑、灵泉，相映成趣，美不胜收。传说圣水泉甚有灵气，饮之可延年益寿。其实根据科学的说法，这里的地下岩石属寒武纪沙砾页岩，即人们

圣水泉　董希文摄

盛水期圣水泉泉下景观　董希文摄

通常所说的麦饭石和木鱼石，泉水中含有多种矿物质及人体必需的多种微量元素，所以常饮此水有益健康。

  兴教寺位于圣水泉东侧。寺院为唐代建筑风格，以丹红为主，肃穆庄严，古色古香，依山傍水，风景清幽。据说在唐代，有一位朱姓阁老在京城做官，他为官清廉，但遭人暗害，便辞官来到这里过起了隐居的生活。为了防止奸人再度寻踪迫害，当地百姓就把他的住处兴教寺改名为"朱老庵"。由于庵是尼姑修行的地方，所以人们就不会怀疑朱阁老藏身于此。朱阁老躲过了灾难，为了答谢当地乡亲的救命之恩，便利用闲暇时光在山上广种黄栌、枫树等红叶树种，天长日久，就在这里形成了独特的红叶盛景。现在的兴教寺是在原朱老庵古址上建成，由大雄宝殿、观音殿、义净禅堂、偏殿、山门等古建筑群组成。清代诗人吴象默写有《朱老庵》诗："招提深不厌，迤逦到山隅。枯涧泉能润，崖颠树欲扶。开枰依佛舍，炊饭借僧厨。往事思遗老，风流亦我徒。"

嘤鸣泉

嘤鸣泉位于南部山区红叶谷景区情人谷，海拔418米，因泉边常伴嘤嘤鸟鸣而得名。泉水出露形态为线流，自石雕虎口中流入方池，又自池左侧石雕龙首口中流入溪中，后经嘤鸣桥流入山下绚秋湖，最终汇入锦绣川。2012年，于泉口处修建边长2米的方形泉池一个，泉池三面设置护栏，护栏上为传统祥瑞图案，同时将此泉定名为"嘤鸣泉"。嘤鸣

嘤鸣泉　董希文摄

嘤鸣泉泉边风景如画　董希文摄

泉取名于《诗经·小雅·伐木》中"伐木丁丁，鸟鸣嘤嘤，出自幽谷，迁于乔木，嘤其鸣矣，求其友声"之意境。泉边风光秀丽，常伴嘤嘤鸟鸣。泉水甘洌，清澈见底，常年涌流。

　　泉池后方立自然石碑，上刻金文"嘤鸣泉"，右侧是嘤鸣泉简介。泉池周围由花岗岩石栏围合。泉池上方植被茂盛，松树、黄栌等植物荫庇了几乎半个池面，一走近便有清凉幽静之感。

水趣泉

水趣泉位于南部山区红叶谷景区,因泉在水趣苑园区中而得名。泉水自石罅中缓缓而出,出露形态为线流,流入长 6 米、宽 4 米、深 2 米的景观池中,之后顺山势流入绚秋湖。泉水清澈甘洌,久旱不涸。

水趣苑是红叶谷景区新开发的精品园区,占地面积 2000 余平方米,泉水淙淙,翠竹依依,是一处与山、与水、与花鸟鱼虫和谐共存、共游、共乐的休闲场所。喜动的游客在此可攀缘跳跃,观鱼戏水;喜静的游客可品茗聊天,闲敲棋子。天热可遮阴避暑,天凉可挡风避雨。置身水趣苑中,会领略到大自然的神奇魅力,会感到天地造物之精美绝伦,令人心旷神怡,流连忘返。

水趣泉　董希文摄

醉秋泉

醉秋泉位于南部山区红叶谷景区，东南侧为绚秋湖，东侧山谷底部是拓展训练基地，海拔 386 米，因泉边秋色醉人而得名。

泉池为不规则自然石砌成的上、下两水湾，泉水自大石下石罅中流出，出露形态为线流，流入长 1.5 米、宽 1.2 米、深 1.6 米的小水湾，又流入下方长 3 米、宽 2 米、深 0.8 米的水湾。之后顺势而下，注入绚秋湖。

2016 年，红叶谷景区以"泉"为主题，将周边山体、地形、泉水、树木加以保护性提升改造，既保留了"清泉石上流"的原生态风韵，又利用移步换景的手法，以不同高差的观赏点和景观轴线的设置，使整个景观更富趣味。

醉秋泉　董希文摄

恩泽泉

恩泽泉位于南部山区红叶谷景区,海拔 391 米,因泉水自石罅中潺潺流出如大地恩赐而得名。

泉池呈不规则形,泉水自石罅中流出,出露形态为线流,由水池左侧流入绚秋湖,最终汇入锦绣川。泉水甘洌,清澈见底,常年涌流。泉池后方立自然石碑,上刻"恩泽泉"。泉池北有占地近百亩的蔷薇园。泉下为绚秋湖,湖中休闲小岛、曲桥和湖岸相连,水榭、观光平台临水而立,群群天鹅漫游在碧波中,荡起涟漪串串,美不胜收。

恩泽泉　董希文摄

白云泉

白云泉位于南部山区锦绣川水库南1.5公里，马头山白云洞西侧山腰岩下，南距白云村老村约40米，海拔394米。因位于山半腰常有白云环绕而得名，当地百姓又称其为"腰泉子"。

泉水自巨石下岩缝流出，汇于石砌小池内，再沿暗管流入长12米、宽8米、深3米的蓄水池。村民为保护泉池，在巨石下砌一石墙，留有高1米、宽0.6米的小门，并安装了铁栅门。该泉常年不竭，为村民饮用水。

白云泉为历史名泉，清乾隆《历城县志》卷八载："锦绣川水……经马头山北，左纳白云泉水……"另，卷六载："马头山下为黄巾石屋，上有白云洞，洞下有白云泉。"

白云泉周边环境　董希文摄

子母泉

子母泉位于南部山区锦绣川办事处云河村锦绣川北岸，海拔363米，因泉有大小两泓，大者为母泉，小者为子泉，故得"子母泉"之名。

子母泉没有泉池，泉水出露形态为涌流，自河岸石崖小洞中涌出，直接入锦绣川。该泉为季节性泉，雨季开泉，平均年涌流时长四个月有余。泉眼距河面1.5米，泉水涌出洞口跳跃高0.3米，纷落泉下，犹如天女散花。子泉与母泉相距1米。母泉在下，泉口向上，呈不规则圆形，泉源上奋，水涌若轮。子泉在上，泉口呈三角形，泉水自洞内潺潺流出。据传说，该泉与丁家峪白云洞相连，是白云洞内白云泉之水。过去有人曾在白云泉放麦糠，而麦糠在子母泉可见。

子母泉　董希文摄

云河北泉

　　北泉位于南部山区锦绣川办事处云河村与西营街道汪家场村交界处，海拔 368 米，因泉在北泉子沟下而得名。

　　北泉没有泉池，泉眼在山根石崖下。泉水自泉眼汩汩涌出，分为两股，一股经 3 米石砌流水渠入地下 150 米暗渠，直接流入锦绣川。另一股经地上水沟流向锦绣川。北泉出露形态为涌流，四季不涸，常年奔涌，是

北泉　董希文摄

云河北泉

北泉河道出水口　董希文摄　　　　　　　　北泉河道出水口环境　董希文摄

云河村和汪家场村共用的水源。泉上为北泉子沟，泉南有观赏鱼繁育基地，泉西150米处是锦绣川河道，西250米处石崖上为子母泉。经检测，北泉泉水pH值为8.1，呈弱碱性，也是农业灌溉水源。此处山、泉、河构成一幅秀丽画卷，观赏游客络绎不绝。

云河村村民耿雪英介绍说："该泉常年不断，从没有干过，村民冬天到这里洗衣服，水挺热乎。传说，原来这个泉子水更大，北泉子沟有一头金驴，每天晚上到这泉子来喝水。有一个心怀不正的人想把金驴弄回家去，金驴受惊，直接钻到泉子里去了，打那以后泉水就小了。"另外传说，该泉同子母泉一样，也与丁家峪白云洞相连，是白云洞内白云泉之水。过去有人曾在白云泉放麦糠，麦糠在北泉也可见到。

大水井官井

大水井官井位于南部山区锦绣川办事处大水井村,海拔306米,因泉在大水井村而得名。

相传大水井村在唐代称"大水坑",因地势低洼形似水坑而得名,后沿称"大水井"。大水井村是南部山区拥有泉井最多的村,村内有井池30余眼。据村民刘永海介绍,自古以来,无论风调雨顺还是干旱少雨,大水井村从来没有缺过水,大旱时周边的村民都到此村来打水。经检测,泉水pH值为8.1,呈弱碱性。现在有十几眼井供全村吃水之用,村民用小型抽水机将泉水抽到家中使用,有的井内竟然有十几条抽水管。

大水井官井　董希文摄

枯泉

　　枯泉位于南部山区锦绣川办事处仁里村南 600 米处港九公路西侧小水库，海拔 322 米。

　　相传很早以前，当地天旱无水，一村妇去很远的地方挑水，因年老体弱，不小心摔倒，将罐子打破，罐子里的水洒了一地，村妇哭了起来。这时一位路过的老太太问明情况后说："你不用哭了，到北边去看一看。"

枯泉景观　董希文摄

村妇过去一看，竟然有一眼小泉流出水来。村妇回头再找老太太却不见了，村妇连忙跪倒磕头拜谢。因此，此泉得名"哭泉"，后因谐音改名"枯泉"。

　　枯泉过去是仁里村村民的主要饮用水源，现在主要用于农田灌溉。盛水季节，泉水向南流入锦绣川。村民在泉水附近修建塘坝，泉眼淹没在塘坝中，又在泉眼处矗立一石头作为标记。

十八盘古井

十八盘古井位于南部山区锦绣川办事处十八盘村东,海拔423米,因泉在十八盘村而得名。

泉呈井形,井深15米,水面距离井沿3米。泉水出露形态为渗流,四时不涸,清澈甘洌。经检测,泉水pH值为7.8,属弱碱水,是村民主要生活水源。井口由三块青石砌成。多少年来,村民用绳子提水,井绳将井口四周磨出20多道3厘米深的凹痕,由此可见十八盘村的历史久远。

十八盘古井　董希文摄

虎洞泉

虎洞泉位于南部山区西营街道西营村南锦绣川河道南崖下，海拔294米，因源于石虎洞而得名。

泉水从石缝中喷涌而出，出露形态为涌流，四季不涸，水质优良，清冽甘甜。原来虎洞泉没有泉池，岩壁上刻有"虎洞泉"三字。2016年村民在泉水出露处修建了长3.3米、宽2.6米、深0.6米的泉池，并安装了青石雕花栏杆。出水口处装一石雕虎首，泉水自石雕虎口内涌出，十分壮观。石雕虎首下建有长6.8米、宽2.8米、深0.55米的浅水池。泉水经浅水池涌入锦绣川河道。经检测，泉水pH值为7.8，属优质活性弱碱水。虽然附近村民都已用上自来水，但仍有人来此汲水饮用。

虎洞泉　董希文摄

虎洞泉

虎洞泉环境　董希文摄

西营村位于锦绣川北岸,相传李世民东征到此,发现此地为军事要地,进能攻,退能守,便在此安营扎寨,一营驻西,一营驻东,一营驻南。因此处位西,沿称村名为"西营"。明崇祯《历乘》载:"西营,城东九十里,亦有南营,皆出枣粟。"崇祯《历城县志》载:"锦绣川路:西营。"清乾隆《历城县志》载:"东南乡南保泉三:西营(四、九日集)。"民国《续修历城县志》载:"东庑乡南保全三:西营(四、九日集)。"

甘泉

甘泉位于南部山区西营街道西营村南锦绣川河边西岸，海拔261米，别名"箭杆泉"，传说此泉是由李世民用箭杆射出。

甘泉泉眼之上崖壁上镌篆书"甘泉"二字。泉水自石缝中流出，出露形态为渗流，常年不竭，积水成洼，泉池为不规则形自然水湾。经检测，泉水pH值为7.8，为农田灌溉用水。因泉水常年不竭且水量很大，20世纪70年代，此处筑堤为坝，形成现在的甘泉塘坝。

甘泉塘坝　董希文摄

甘泉　董希文摄

三江峪泉

三江峪泉位于南部山区西营街道西营村三江峪,海拔344米,因地处三江峪而得名。

三江峪泉泉池为石砌,呈方形,边长1.1米,池深1.2米。雨季泉水较大,漫过水池形成圆形自然水湾,水湾荫蔽在藤蔓植物中。泉水自岩石下流出,入水湾,之后经小溪流入泉下水库,最终汇入锦绣川。经检测,泉水pH值为7.6。

三江峪泉　董希文摄

三江峪水库　董希文摄

  泉边植被丰茂，郁郁葱葱。泉下三江峪水库就像一颗蓝宝石镶嵌在山峪间，水平若鉴，蓝天白云倒映水中。阳光一照，水面上跳动起粼粼光斑，风光旖旎。

滴答泉

滴答泉位于南部山区西营村街道西营东北石岭河道北岸石崖下,海拔298米,因泉水从石缝渗出,形成水珠,沿岩石滴下而得名。

岩下泉池为方形,2米见方,池深1.2米,水位1米。泉水出露形态为滴流,自石崖缝隙中流出,分为多股,形成小水帘,在阳光照射下闪闪发光,犹如珍珠流淌。滴答泉常年滴水不断,溢出泉池流入石岭河,后汇入锦绣川。泉水冬季结冰,形成串串冰凌,美不胜收。经检测,泉水pH值为8.1,属优质活性弱碱水。

泉上簸箕掌山,深岩绝壑,峭拔雄奇。山下滴答泉串串珠玑,石岭河浪花飞溅。绿水青山,风光秀美无限。

滴答泉　董希文摄

涌泉泉群（下册）

滴答泉泉池　董希文摄

丁家峪白云泉

白云泉位于南部山区西营街道办事处丁家峪村白云洞内,海拔464米,因在白云洞内而得名。

泉水自多处石罅中流出,顺着石壁滴流而下,汇集到下面的石砌泉池,池边有"甘露"题名石。泉水流出白云观外,流入长8米、宽2米的水池中,然后沿丁家峪入锦绣川。水池上方刻有"洞天福地""弘道立德"等字。经检测,泉水pH值为8.3,属优质活性弱碱水。

白云洞坐落于青龙山半山腰,坐西面东,属于自然岩洞,洞高4米,深8米,宽10米。因洞内经常飘出白云而得名。洞内石壁上怪石突兀,

白云泉　董希文摄

白云泉水池　董希文摄

且分布着一些岩溶风化而成的或大或小的洞。洞外岩崖峭峻，古柏悬生。其中一株古柏树高4米，树根附石外露，根径达2.5米，枝干如虬，被称为"仙柏"，虽历经千年，仍枝繁叶茂。

　　白云洞隐藏在白云观内。白云观规模很大，里面供奉道家各路神仙，旧时香火旺盛，善男信女众多，后因战乱和火灾屡遭破坏。现于白云观遗址重建道观。白云观附近有石碑三方，其中最古老的是《白云洞众祖先派记》碑，落款是"大明嘉靖三十一年"。传说白云观的创建人徐立仙是一位得道高人，有一日，徐立仙在道观中静坐，突然发现从白云洞深处钻出一条大虫。徐立仙心怀恻隐之心，便收留了大虫。一天，这条大虫趁徐道长午睡的时候，把道长给吃了。大虫吃了道长后，自知罪孽深重，便偷偷从白云泉泉眼逃回云河，消失不见了。自此，白云观没有人照看，便渐渐衰败了。

雪花泉

雪花泉位于南部山区西营街道丁家峪村白云洞西南百余米山崖下,海拔428米。因受长年浸蚀,泉上崖壁生出片片碳酸钙堆积,状如雪花,故得名"雪花泉"。

泉池呈半洞穴状。泉水出露形态为渗流,自石罅流出落至石砌半圆形泉池中,如玉击石,叮咚作响,清脆悦耳。之后泉水自泉池流出,流

雪花泉浅水池　董希文摄

涌泉泉群（下册）

雪花泉泉池　董希文摄

入下方不规则浅水池，又经暗渠流入一半月形水湾。泉水清澈甘洌，四时不竭。经检测，泉水 pH 值为 8.1，属优质活性弱碱水。三池环绕山崖，池水碧透，倒映山峦，景致清幽。

泉东侧新建一座仿古建筑，名曰"白云书院"。飞檐走兽，青砖黑瓦，朱红门窗，气派非凡。泉北为白云观。

水帘泉

水帘泉,又称"水帘洞泉",位于南部山区西营街道丁家峪村西北峪山崖下雪花泉南侧,海拔467米,因泉水自天然石洞上方流下似水帘而得名。

泉水自山崖天然石洞上方数个小洞中流出,大的成线,小的成珠,

水帘泉　董希文摄

| 涌泉泉群（下册）

盛水期的水帘泉　董希文摄

形成一挂水帘，汇集于石洞外一直径 2.5 米的圆形水池，之后流入南侧一长 8 米、宽 4 米的水池中，沿丁家峪流入锦绣川。经检测，泉水 pH 值为 7.8。该泉为季节性泉。

山崖天然石洞整体高 5 米、宽 3 米、深 2 米，洞内石壁上怪石突兀，洞外圆形水池由乱石砌就，其中置一尊奇石，格外引人注目。池边绿树成荫。山、泉、石、树相得益彰，相映成趣。

桃花泉

桃花泉位于南部山区西营街道丁家峪村西北峪西山坡，海拔413米，因周边有野桃树林而得名。泉北侧有水帘泉、雪花泉。

泉水自石罅渗流而出，流入长5米、宽3.5米、深1.5米的泉池，四季不涸，之后沿丁家峪流入锦绣川。经检测，泉水pH值为8.0。

泉边桃树成园，植被丰茂，郁郁葱葱。泉北侧崇山峻岭，石崖上为刻有大红色"寿"字的摩崖石刻，字高约3.5米、宽2米。

桃花泉泉池　董希文摄

卧龙泉

卧龙泉位于南部山区西营街道丁家峪村西北峪东山崖下，海拔452米，因在青龙山下而得名。泉北侧为白云洞。

泉水自山崖下石缝中流出，经暗渠流入西侧一长6米、宽4米的埋于地下的水池中，之后沿丁家峪流入锦绣川。经检测，泉水pH值为7.8。

泉池上方石崖刻有"上善若水"四个大字，在石刻的北侧山崖上还有一方摩崖石刻，上书："石破天惊处，当年曾卧龙。白云吾旧友，共醉赤霞中。"落款："徐北文题。"

卧龙泉泉池　董希文摄

徐北文先生所题石刻　董希文摄

历甲泉

历甲泉位于南部山区西营街道石岭村玉明贤生态庄园内,海拔389米,因此泉亘古以来传说为"历城第一泉",故名"历甲泉"。

泉池为石砌圆井形,井口直径0.8米,井边刻有"历甲泉"三字。经检测,泉水pH值为7.8,属优质活性弱碱水,是村民主要饮用水源。现泉池淹没在池塘中,池塘可容水近2万立方米,据说已有200多年的历史。池塘汇聚泉水,常年不涸。

历甲泉附近有一泉,亦称"历甲泉",此泉也在一池中,池呈长方形,长8米,宽6米,常年不竭。在一片竹林里还有一泉,名曰"珠泉",泉边茶社用纯天然的泉水泡茶,令游客赞叹不已。

历甲泉　董希文摄

黄鹿泉

黄鹿泉位于南部山区西营街道黄鹿泉村，海拔 394 米。相传明洪武年间，这里人烟稀少，林木茂密，在层峦叠嶂的山崖中有一山泉，泉边石洞中有两只黄色的小鹿常饮用此水，黄鹿泉便由此得名。黄鹿泉古时称"黄栌泉"。明崇祯、清乾隆《历城县志》载："黄栌泉，在西营北，云河一带之水大半仰给此泉。其流经擒寇峪入锦绣川。"

泉池原为自然圆形水湾，直径 2 米，现由水泥修筑，呈浅井形，并围有三个圆形浅水窝。泉水自浅井中溢出，分别入三个浅水窝，之后汇入下方 1 米见方的水池，又经暗渠流入下方半地下式蓄水池。泉水出露形态为线状水流，常年不竭，是村民主要饮用水源。经检测，泉水 pH 值为 8.2，属优质

黄鹿泉新颜　董希文摄

黄鹿泉

黄鹿泉景观　董希文摄

活性弱碱水。

村民称黄鹿泉水能医病疫,有人患痢疾喝此水即止泻。传说早年曾有村民患癔症,有村妇夏谢氏取此泉水令患者饮之,即日即愈。又相传有一条青蛇栖息于泉内,村民称之为"泉龙仙",并在泉边建泉龙仙庙以祭祀。

为保护泉池及发展旅游,泉池周边修建了四角凉亭,蓄水池上修建了仿古水榭,泉东侧石崖上刻有黄鹿泉介绍,山、石、泉、亭、榭、树构成一幅错落有致的秀美画卷。

黄鹿泉老泉

黄鹿泉老泉位于南部山区西营街道黄鹿泉村东，海拔 426 米。古时此泉周围人烟稀少，林木茂密，常有黄鹿来此饮水，故得此名。黄鹿泉老泉历史悠久，古时称"黄栌泉"。

黄鹿泉老泉泉口　董希文摄

泉水自山东侧石罅中涌出，汛期水量较大，声如擂鼓，状似莲花。今有东、西两个出水口。主泉在东，泉水自石洞中涌出，流入长 28 米、宽 22 米的椭圆形的蓄水池，池深 4 米，水位 1.5 米。经检测，泉水 pH 值为 8.0。池中设一喷泉，可喷水数十米高，十分壮观。西泉自岩洞流出，经明溪穿过小桥后沿河漫流，形成叠水瀑布。泉四周河渠纵横，石桥卧波，花果满坡，

黄鹿泉老泉

盛水期黄鹿泉老泉瀑布　董希文摄

丛木笼荫。

相传，早年泉边住着母子二人。母子二人上山打柴时遇到一位猎人，猎人问："您老人家高寿？"儿子回答："不高，才八十八！"猎人惊讶："如此高龄还要打柴，没有烧的吗？"儿子答："有啊，只是老娘爱喝枣树叶子茶，且必须用山上的老枣木煮之。"猎人问道："您老娘高寿？"儿子答："不高，一百零八，那不在枣树上采枣树芽子哩。"猎人忙问："你们如此高寿，有何秘诀？"儿子答："没有什么秘诀，只是因为天天喝这泉水的缘故。"

日月泉

日月泉位于南部山区西营街道黄鹿泉村中部，海拔 392 米，因泉井口设计为日月形而得名。

日月泉在黄鹿泉北侧，井口为石砌，呈圆形和半月形，圆形井口用于辘轳取水，半月形井口用于人工取水，十分方便。现井口更新为青石雕刻的半月形和圆形井口，日月形象更加逼真。经检测，泉水 pH 值为 8.2，属优质活性弱碱水，供村民生活所用。

日月泉旧貌　董希文摄

日月泉新颜　董希文摄

黄鹿泉四井

黄鹿泉四井，分布在黄鹿泉村东、西、南、北四个方位。

东井，位于村东，也叫"东泉"。井口呈圆形，四周有石栏杆，古朴典雅，常年不枯不溢。

西井，位于村西南侧一居民院外。有井口已被青石板覆盖，村民用水管将泉水提至家中饮用。

南井，位于村东南峪，又叫"南峪泉"。井口呈圆形，四周有石栏杆，

东井　董希文摄

西井　董希文摄

南井　董希文摄

北井　董希文摄

古朴典雅，常年不枯不溢。

　　北井，在村北，因地处下游，又叫"下井"。井口安装有辘轳，方便村民生活用水。

神童泉

神童泉位于南部山区西营街道黄鹿泉村南，海拔 435 米，传说早年间有一位住户因饮此泉水成为神童而得名。

泉池长 4.8 米，宽 4.6 米，池深 3.5 米，水位 2 米。泉水清澈甘洌，四季不枯，自泉池东北角小石洞中流出，洞高 1.2 米，宽 0.4 米。汛期泉水溢出池外，经山溪流入锦绣川。经检测，泉水 pH 值为 8.3，为优质弱碱水。村民用水管引泉入户。

神童泉　董希文摄

神童泉泉池　董希文摄

渡仙泉

渡仙泉位于南部山区西营街道黄鹿泉村口渡仙桥西侧,海拔355米。

泉池长3米,宽3米,深3.5米,水位1.5米。泉水清澈甘洌,水量稳定,涝不溢,旱不枯。黄鹿泉村在此建民宿,将泉池盖在大厅内,泉池留井形取水口,井口设计为八棱柱形,其中四个面分别雕有龙首,另四个面分别雕有"福""禄""寿""禧",工艺均为深浮雕。井口旁有两只大理石石雕黄鹿,栩栩如生,具有很高的艺术欣赏价值。为安全起见,井口置一奇石,别有一番情趣。

渡仙泉之名源于一则传说故事。相传古时候有一仙人路过此地,发

渡仙泉　董希文摄

渡仙泉

渡仙桥　董希文摄

现一条小河挡住了去路，仙人用长袖一摆，一座拱形小桥便横跨在河上。桥头有一棵大槐树，树下有一泓清泉，仙人便坐下来汲水歇息。有人看到仙人，便前去询问："先生从哪里来？"仙人说："姑射山也。"人又问："到哪里去？"仙人答道："灵佛寺救人是也。"当此人再想询问时，仙人已不见踪影。原来黄鹿泉村北有座寺庙，叫"灵佛寺"。一天有一孩童患重病，生命垂危，无药可救，家人便带孩童到灵佛寺求救。灵佛寺住持看其病实在太重，便祈祷上苍相助，这才引来仙人到灵佛寺救人。仙人取来泉水让孩童冲服仙丹，孩童渐渐苏醒过来，恢复了健康。故事中的仙人来自姑射山，使人不禁联想到《庄子·逍遥游》里写道："藐姑射之山，有神人居焉，肌肤若冰雪，绰约若处子，不食五谷，吸风饮露，乘云气，御飞龙，而游乎四海之外。其神凝，使物不疵疠而年谷熟。"后来人们为纪念这位仙人，便称此桥为"渡仙桥"，称此泉为"渡仙泉"。该桥几经山洪冲毁，又经多次重修，现已建为石砌桥体、水泥桥面的大桥。

臻鹿泉

臻鹿泉位于南部山区西营街道黄鹿泉村西，海拔394米，因泉池周边长满榛子树而得名。臻鹿泉又叫"西泉子"。

泉水自红页岩缝隙流出，流入长6米、宽4米、深1.5米的水池。池水清澈见底，常年不涸，汛期溢出池外。受周边环境影响，在阳光照射下，池内色彩斑斓，犹如一幅水彩画。经检测，泉水pH值为8.0。

臻鹿泉　董希文摄

龙湾泉

龙湾泉位于南部山区西营街道北龙湾村中部南河道北侧石崖下，海拔393米，因在龙湾村而得名。

泉水自石罅中流出，流入一自然水池，方形池边长1.5米，深

龙湾泉　董希文摄

2米。池口依自然石崖，由三块青石组成，青石边长0.8米。水盛时自池口涌出，经石岭河入锦绣川。

在龙湾泉西侧20米处崖下也有一泉，泉井深3米，井口1米见方，盖有铁箅。在龙湾泉西南88米处河南侧和西南222米处河道北侧路边各有一井形泉池，均为村民饮用水源。据介绍，在北龙湾村和南龙湾村交界处，过去有一个大湾，叫"龙湾"，湾北侧有一块龙头石，只要遇上大旱之年，大湾里没有水，龙头石就半露出来，在龙头石的南侧下挖半米深就有泉水。

铁峪泉

铁峪泉，又叫"东泉"，位于南部山区西营街道北龙湾村东北铁峪北山坡下洞内，海拔451米，因在铁峪而得名。

泉水出露形态为线流，常年不涸，水势旺盛。泉水自石罅中流出，入石砌水池，池长4米，宽3.5米，深2米，池上由水泥封盖，留有边长0.6米的方形取水口。泉水自池口流出，流入南侧长13米、宽7米、深4米的蓄水池，之后经石岭河汇入锦绣川。村民用水管将泉水引入村庄。据住在泉边的村民介绍，铁峪泉水势很大，多半个村的村民都饮用铁峪泉的水。经检测，泉水pH值为7.8，属优质活性弱碱水。

铁峪泉　董希文摄

双龙泉

双龙泉,曾名"滴答泉",位于南部山区西营街道南龙湾村禅房峪,海拔 514 米。泉在双龙山下,并有两个泉池,故得名"双龙泉"。

双龙泉两个泉池均呈井形。一个泉井位东,由风车木屋庇护。井口 0.62 米见方,深 2 米,水位 1.6 米。泉水自井内流出,入小方池后沿道路流向石岭河。另一泉井位西,与东井相距 3 米,井口直径 1.2 米,深 1 米,出露形态为涌流,水量较大,常年不断。两泉水合流后,汇入锦绣川。经检测,泉水 pH 值为 8.3,属优质活性弱碱水。由于泉水水质优良,不少村民前来汲水饮用。

泉上为双龙山,峭拔雄奇,泉边果树成林,环境优美。泉北 30 米处还有一泉,名曰"南龙泉",泉水汇入锦阳川。

双龙泉东井井口　董希文摄

双龙泉西井井口　董希文摄

涌泉泉群（下册）

咋呼泉

咋呼泉位于南部山区西营街道龙湾村彩西公路西侧路边，海拔419米。因泉水喷涌时声音很大，似人振臂高呼而得名。

泉水由小型涵洞中涌出，汛期开泉。据说泉源在石洞内，修公路时盖一涵洞将泉水引至路边，泉水经公路排水沟流向河道，并由直径30厘米的铁质管道沿暗渠经公路下流入石岭河。因为公路边出水口高于河道数十米，所以泉水跌下时会发出震耳响声。经检测，泉水pH值为8.0，主要用于灌溉农田。

咋呼泉　董希文摄

花家峪泉

花家峪泉位于南部山区西营街道花家峪村,海拔 472 米,因泉在花家峪而得名。

泉池为自然石湾,长 2 米,宽 0.8 米,深 1 米。泉水常年不竭,清澈甘洌,是村民主要饮用水源。经检测,泉水 pH 值为 8.0,属优质活性弱碱水。

花家峪泉　董希文摄

后岭子古井

后岭子古井位于南部山区西营街道后岭子村,海拔 508 米。

泉池为石砌,呈圆井形,井口为方形,边长 0.6 米,井深 6 米。泉水常年不竭,是村民主要饮用水源。经检测,泉水 pH 值为 8.3,属优质活性弱碱水。该井附近还有一井,也是村民饮用水源。

后岭子古井 董希文摄

花园岭古井

花园岭古井位于南部山区西营街道花园岭村,海拔 574 米,因在花园岭村而得名。

泉池为石砌井形,井口边长 0.8 米,井深 5 米。泉水常年不竭,是村民主要饮用水源。经检测,泉水 pH 值为 8.2,属优质活性弱碱水。

花园岭古井　董希文摄

火窝子古井

火窝子古井位于南部山区西营街道火窝子村入村路口处,海拔482米。泉池为石砌方井形,井口边长0.8米,井深6米。泉水常年不竭,清澈甘洌,是村民主要饮用水源。经检测,泉水pH值为8.3,属优质活性弱碱水。

火窝子古井　董希文摄

马鞍泉

马鞍泉位于南部山区西营街道红岭村河口自然村北,海拔347米,因在马鞍山下而得名。

泉池为圆形地下水池,直径8米,深3米。泉在池下石罅中流出,水量很大,常年不竭,清澈甘洌。汛期泉水流出池外,经运粮河汇入锦绣川。马鞍泉以北为马鞍山,马鞍形象逼真,山上草木丰茂。泉边核桃树生机盎然,泉下竹林郁郁葱葱,运粮河穿村绕户,一派水乡景象。

马鞍泉　董希文摄

涌泉泉群（下册）

红岭泉

红岭泉位于南部山区西营街道红岭村中路边，海拔353米，因在红岭村而得名。

井口呈方形，由乱石砌就，井深10米，水位3米。经检测，泉水pH值为8.1，是村民主要饮用水源。泉水水量较大，井内安装了两台抽水机，分别流向鸭子泉村和孔老峪村，供村民生活之用。井内还有暗渠，泉水流入村南地下蓄水池，之后经出水口流入运粮河，后汇入锦绣川。

在红岭村中段路南胡同路边还有一古井，井深12米，井口为石砌，呈圆形，直径0.8米。泉在井底，常年不竭，也是村民饮用水源，井口有铁质井盖保护。

红岭泉 董希文摄

鸭子泉

鸭子泉位于南部山区西营街道鸭子泉村北鸡冠岭西南坡,海拔472米。清道光《济南府志》载:"鸭子泉在积米峪东。"泉池为石砌圆井,直径1.5米,久旱不涸。

当地传说,从前与其村邻近的积米峪村连年干旱,连人吃水也成了问题。一天,一个老汉上山放牛,来到东山洼,因为口渴,不得不四处找水。突然,他听到石梁后传来"呱呱"的鸭子叫。走过去一看,原来石梁后边有湾水,一对金晃晃的鸭子正在戏水。忽然,水花一翻,从水底飘飘摇摇地出来一位老太太,她上得岸来,从盆里抓一把金灿灿的东西撒进水里,两只鸭子争抢起来。老汉口渴得很,看见有水,啥也不顾了,就要跑去取水喝。可刚跑到水湾边,鸭子与老太太都不见了,只留下这湾清如明镜的泉水。老汉回到村里,把这事告诉了乡亲们。因为这里有水,人们就陆续搬到这里居住下来。后来人们发现湾里的水是从泉眼里流出来的,就叫该泉为"鸭子泉",村名也改叫"鸭子泉村"了。

鸭子泉　董希文摄

永盛泉

永盛泉位于南部山区西营街道鸭子泉村鸭子泉西北约200米处,海拔469米,因泉水旺盛而得名。

泉池呈椭圆井形,井口为方形,边长1.2米,井深3.5米。泉水常年不竭,口感甘洌,经检测,pH值为8.61。

昔日,永盛泉西侧建有三清殿,永盛泉为道人饮用水源。20世纪50年代初,大殿倾毁。今泉南石堰上,尚嵌有清乾隆十六年(1751年)重修《永盛泉碑记》石碑,碑文基本不能辨认。

永盛泉周边环境 董希文摄

孔老峪双井

孔老峪双井位于西营街道办事处孔老峪村北山坡下，海拔 419 米。

泉池均为石砌水泥筑井，有井盖。泉水常年不竭，是村民主要饮用水源。井边有一古树俯卧在道边。经检测，泉水 pH 值为 8.1，属优质活性弱碱水。

孔老峪村，在清康熙年间称"哄老峪"。相传，村西山上有个通天洞叫"天窑"，村里有个不孝之子将其父母哄骗至天窑内饿死，此村因此得名"哄老峪"。后来取孝敬老人之意，村名改为"孔老峪"。

孔老峪双井　董希文摄

积米泉

积米泉,古称"渍米泉",位于南部山区西营街道积米峪村北的积米峪水库西侧,海拔 322 米。

明崇祯《历城县志》、清乾隆《历城县志》均称,渍(积)米泉,在渍米峪中,流入云河。传说,李世民东征时经过这眼清泉,泉水喷涌如注,煞是喜爱,想到军粮匮乏,就随口说了句:"这么旺的泉喷出来的要是米就好了。"话音刚落,黄澄澄的小米便随着泉水从泉眼滚淌而出,于是人们将这山泉称作"积米泉"。1960 年,积米峪水库建成,泉口及泉池淹没于水库中。2021 年村民对泉池进行提升,在泉口处建一圆形水池,即使水库水淹没了泉口,仍能看到积米泉。为解决周边村民吃水问题,政府投资修建蓄水池并安装提水站,将泉水提至黄鹿泉顶等几处大型蓄水池,让积米峪等 8 个村的村民吃上了自来水。

积米泉　董希文摄

黄鹿泉顶古井

黄鹿泉顶古井位于南部山区西营街道黄鹿泉顶村内，海拔585米，因村名而得名。

泉池为石砌，呈圆井形，直径0.6米，深10余米。该井在高山之巅，常年有水，实为罕见，是村民饮用水源之一。

黄鹿泉顶村位于西营东北5公里处，《历城县地名志》记载，明洪武二年（1369年），宋氏由河北枣强迁此，因建村在黄鹿泉东山顶，故村名为"黄鹿泉顶村"。

黄鹿泉顶古井　董希文摄

涌泉泉群（下册）

拔槊泉

拔槊泉位于南部山区西营街道拔槊泉村，海拔 658 米。传说此泉是唐太宗李世民东征到此拔槊而成，故名"拔槊泉"。

清道光《章丘县志》和《济南府志》均载拔槊泉："泉出山半，涓涓不息，下有浆水泉。"拔槊泉为巨野河之源。泉池呈瓮形，口小内阔，泉水自石壁岩孔流入池中，叮咚有韵，常年不息。现泉池为石雕圆口井形，由乱石砌成，井深 3 米，井口直径 0.65 米，井底直径 3 米。泉水通过暗渠流到下方蓄水池中，蓄水池长 5.6 米，宽 4.4 米，深 4 米，由水泥封盖，上方留取水口，供村民汲水之用，其余之水用于农业灌溉。

拔槊泉清澈甘甜，从不枯竭，为村民主要饮用水源，当地人称其为"神泉"。据说喝了此泉水能

拔槊泉　董希文摄

拔稆泉

拔稆泉井内小景　董希文摄

消灾祛病，会立即止泻。经检测，泉水 pH 值为 8.2，为优质弱碱山泉水。

　　传说，李世民东征时被敌军一路追杀至此，人困马乏，口渴难耐，官兵纷纷倒地，而敌军步步紧逼，形势危急。情急之下，李世民夺过身边将士的一杆稆插到地上，仰天长叹："莫非苍天绝我于此？"就在此时，只见稆插之处一股清泉喷涌而出。李世民大喜，遂命将士就此饮水、饮马，并赐泉名"拔稆泉"。

拔槊泉南泉

拔槊泉南泉，又叫"上井"，位于南部山区西营街道拔槊泉村南，海拔 688 米。

井口为半圆形，直径 0.65 米，井深 3 米，水位 2 米。泉水自井内石缝中流出，滴入井中，叮咚有韵，其声可与柳埠街道袁洪峪的琴泉媲美。经检测，泉水 pH 值为 8.0，为优质弱碱饮用水，系村民饮用水源之一。

拔槊泉南泉井口　董希文摄

拔槊泉南泉　董希文摄

拔稞泉西泉

拔稞泉西泉，位于南部山区西营街道拔稞泉村西头，海拔 678 米。

泉池长 6 米，宽 4 米，深 2 米，水位 1.6 米。水池用水泥封闭，留有长 0.5 米、宽 0.4 米的取水口。泉水自池内南侧石缝中流出，清澈甘洌。经检测，泉水 pH 值为 7.8，为优质弱碱性饮用水，系村民饮用水源。村民在井内设数十根水管将泉水提至村民家中使用。

拔稞泉西泉　董希文摄

拔稞泉西泉　董希文摄

拔槊泉东井

拔槊泉东井位于南部山区西营街道拔槊泉村东，海拔 613 米，因位于村东而得名。

泉池为两口相连的石砌方形井，井口边长 0.6 米，深 3 米。两井相距 2.5 米，井下有暗渠相通。泉水常年不竭，水量较大，大旱之年是村民饮用水源，常年为农业灌溉水源。经检测，泉水 pH 值为 8.1，属优质活性弱碱水。

泉水自北侧井中流出，跌入北侧一大型水池。水池系 20 世纪 70 年代修建，由料石砌就。池长 20 米，宽 15 米，深 6 米。

拔槊泉东井　董希文摄

拔槊泉东井出水口　张振山摄

西营灰泉

灰泉位于南部山区西营街道灰泉子村，海拔 636 米。相传李世民东征时路经此泉，见泉水混浊似有灰，待仔细观察，原来是泉底石质呈灰色，于是赐泉名"灰泉"。

泉池在大核桃树下，为石砌方形井池，井口呈圆形，直径 1.5 米。泉水常年不竭。灰泉北侧 50 米处还有一泉井，此泉井与灰泉一脉相承。经检测，泉水 pH 值为 8.3，属优质活性弱碱水，是村民主要饮用水源。

灰泉　董希文摄

灰泉在核桃树庇荫下　董希文摄

垞窝泉

垞窝泉位于南部山区西营街道垞窝村东头河边堰下,海拔353米,因在垞窝村而得名。泉水自堰下石缝中流出,先流入水湾,之后汇入枣林河。汛期河水水量很大,垞窝泉被淹没在河中。

垞窝泉　董希文摄

古时,因村四面环山,锦绣川源头水、天晴峪水流经此地,形似一窝,并且周边草木繁茂,茁壮成长,故改村名为"茁窝"。明崇祯《历城县志》记载:"锦绣川路:茁窝。"清代因"茁窝"读音拗口,加之村内有水有土,故改"茁窝"为"垞窝"。清乾隆和民国版本《历城县志》均将此村村名载为"水土窝"。古书排版采用竖版从右到左一列一列书写,"垞"不是常用字,即用"水""土"两字代替。

明珠泉

明珠泉位于南部山区西营街道办事处东岭角南苑旅游度假村，海拔396米，因泉水出露似明珠而得名。

泉水出露点距离泉池500米。为观光和使用方便，泉水被引入南苑旅游度假村泉池，池东侧立一高3.5米、宽1.5的自然石，上刻隶书"明珠泉"三字，苍劲有力，字高0.7米、宽0.8米。碑下即出水口，泉水潺潺流入水池。水池长20米，宽15米，深约2.6米，水位1.5米。一泓碧水，常年不竭，潺潺流向锦绣川。池水受环境影响，五彩斑斓，池内有长10米的鳄鱼雕塑，半露池中，栩栩如生。明珠泉下游50米处还有一泉，名曰"龙脉泉"，此泉有泉池和泉碑，也为观光泉池。

明珠泉泉池　董希文摄

枣林泉

枣林泉位于南部山区西营街道白炭窑村西枣林水库南侧,海拔 405 米,因地处枣林水库而得名。

枣林泉无泉池,属季节性泉。经检测,泉水 pH 值为 8.0。泉水出露形态为涌流,自泉眼流向水库。水库水位高时,泉眼隐于水中,泉水汩汩上涌,至水面漾出碗口粗的水轮。水库清澈见底,岸边杨柳依依,花木扶疏。

枣林泉　董希文摄

枣林泉

枣林泉与枣林水库　董希文摄

枣林水库风光　于庆摄

涌泉泉群（下册）

盛泉

盛泉位于南部山区西营街道佛峪村小东沟，海拔441米，因常年喷涌如注而得名。

盛泉为锦绣川源头之一。民国《续修历城县志》载："锦绣川其源有三：一发于东北章丘佛峪之东山下，石壁玲珑，泉源甚大，号曰'盛

盛泉出水口　董希文摄

盛泉

老盛泉泉池　董希文摄

泉'。"今数十米长的岩壁下，多处涌泉汇流于临岩砌就的长1米、宽0.8米的长方形池中。池内泉眼遍布，腾突簇涌。泉水常年不竭，清澈甘洌，为村民主要饮用水源。经检测，泉水pH值为8.0，属优质活性弱碱水。

盛泉东30米处街旁还有一泉，据村民介绍，这是老盛泉。泉水自多处岩缝涌出，流入长15米、宽12米、深4米的石砌蓄水池，又自池壁出口随溪西流，最终汇入锦绣川。

道沟三泉

道沟三泉位于南部山区西营街道道沟村。道沟三泉,包括古井一眼和两方泉池。

古井位于村中部路边,井口呈圆形,井深6米。泉水常年不竭,水质优良,是村民饮用水源之一。井边有《永清水井》石碑一通,横卧在井边。

道沟村东有一泉,泉池呈长方形,由水泥修筑,长5.7米,宽4.2米,深2.0米,池上留有取水口。泉水常年不竭,为村民主要饮用水源,并有农业灌溉之利。

村民称,村南还有一眼水井,现没于水池中,也是村民饮用水源。

古井　董希文摄

村东泉池　董希文摄

哭姑顶山饮马泉

饮马泉位于南部山区西营街道拔槊泉村东南、道沟村东北哭姑顶山路旁，海拔 652 米，相传是李世民操练兵马时饮马的地方。

饮马泉，清道光《章丘县志》和《济南府志》均载，称"泉出山半，涓涓不息，下有浆水泉"。泉池为石砌长方形，长 0.9 米，宽 0.67 米，深 2.5 米。泉水出露形态为渗流，常年不竭。泉南约 1 公里处有真武庙，旧时，泉水是真武庙道人饮用水源，现在主要用于农业灌溉。

哭姑顶山饮马泉　董希文摄

饮马泉位置接近山顶，环境十分幽静，正如古人所云："而世之奇伟、瑰怪、非常之观，常在于险远，而人之所罕至焉，故非有志者不能至也。"传说李世民东征时，曾路经此地。他首先来到距此西北 2 里许处，拔槊成泉，解了燃眉之急，但由于兵马

宝山饮马泉　董希文摄

涌泉泉群（下册）

哭姑顶山饮马泉、宝山饮马泉位置　董希文摄

众多，一泓拔稧泉不能满足兵马用水，故在拔稧泉东南又寻得两泓泉水专门饮马。一泓在哭姑顶山近山顶处，即哭姑顶山饮马泉；另一泓在宝山，泉下有蓄水池一座，山上有李世民操练兵马的点将台遗址。后人把这两泓泉都称为"饮马泉"。

白炭窑泉

白炭窑泉位于南部山区西营街道白炭窑水库大坝下东侧,海拔451米,因在白炭窑村白炭窑遗址而得名。

泉水自泉池东南角石缝中流出,流入长25米、宽15米、深3米的蓄水池。泉水水量较大,汛期溢出蓄水池入枣林河,之后汇入锦绣川。经检测,泉水pH值为8.31。泉上白炭窑水库有神龟探海景观。村民在泉边建房开挖地基时,挖到白炭窑遗址,证明此处过去曾是烧制木炭的窑址。

白炭窑泉周边环境　董希文摄

九龙泉

九龙泉位于南部山区西营街道办事处白炭窑水库东南九龙大峡谷，海拔 481 米，因在九龙大峡谷而得名。

泉池为自然方形水湾，边长 3 米，池深 1.5 米，水位 1.5 米。泉水自石崖缝隙中流出，出露形态为涌流，常年不涸。汛期泉水溢出泉池形成层层叠瀑，流入白炭窑水库，之后汇入锦绣川。泉下有两座蓄水池。经

九龙泉　董希文摄

九龙泉

金龟探海　董希文摄

九龙泉环境　董希文摄

泉下瀑布　董希文摄

检测，泉水 pH 值为 8.0，属优质活性弱碱水。

　　泉边溪水淙淙，山色青翠，云蒸霞蔚。九座山头围绕九龙泉，形成一幅"九龙戏珠"的山水画卷。泉上玉皇山峡谷幽深，春来山花烂漫，秋来漫山红遍。泉下白炭窑水库水绕山转，如金龟探海，栩栩如生。

涌泉泉群（下册）

林枝三泉

林枝三泉位于南部山区西营街道林枝村。三泓泉水因在村中相距不远，并且均没有名称，故合称为"林枝三泉"。

一泉，在林枝村东南山沟，海拔556米。泉井由青石砌垒，井口0.8米见方，井深3.5米，水位3.2米。经检测，泉水pH值为7.8，是村民饮用水源之一。泉水四季不涸，自井内出水口流出，沿山沟入白炭窑水库。

一泉　董希文摄

林枝三泉

二泉　董希文摄

二泉，在村中部路边，泉池长3米，宽1.6米，深3米，池上有方形取水口。经检测，泉水pH值为7.8，是村民饮用水源之一。泉水清澈甘甜，自井内出水口流出，沿山沟入白炭窑水库。

三泉，在村西路边堰根，泉池呈方口井形，由乱石砌成，深2.8米。泉水常年不断，供村民生活之用，也有农业灌溉之利。

三泉　董希文摄

朝阳泉

朝阳泉位于南部山区西营街道赵家村西山脚下朝阳寺遗址旁,海拔473米,因朝阳寺而得名。

泉池呈圆井形,由石砌,井口有铁质棚盖。泉井直径2.5米,深6.5米,井口建在4米见方的平台上,井口直径1.1米。泉水常年自井底涌出,清澈透亮。此泉旧时是朝阳寺僧侣的生活水源,现村民已引泉水入户。经检测,泉水pH值为8.1,属优质活性弱碱水。

朝阳泉　董希文摄

泉井在朝阳寺遗址北侧,泉井东侧山崖处有天然石洞,曰"朝阳洞"。朝阳寺历史悠久,今已废圮,只剩两块残碑。明隆庆三年(1569年)《重修朝阳寺碑

朝阳泉

朝阳寺古松　董希文摄

记》载："历邑巽地百里许有古刹焉，稽唐制也，扁曰朝阳。"清康熙三十二年（1693年）《重修朝阳寺碑记》载："而其山名照峪，川曰锦绣，玉龙之池居其内，涌泉之河绕其外，栗枣成林，桑榆盈□，□□佳丽，不能盛举，诚古刹胜迹也哉！"泉西南有古松一棵，树高约15米，树围2.1米，有两人合抱之粗，伞形树冠直径18米，郁郁葱葱，散发出旺盛的生命力，尤其是往北伸展的粗壮树枝，如同伸出的迎客的臂膀，欢迎着到访的客人。

关于这株千年古松，当地还流传着一个民间传说。传说当年附近村里有一位姓康的村民，一天他来到枝繁叶茂的古松树下，想折一些松枝回家。他爬上古松树，用力折断了一根松枝，等他准备从树上下来时却傻了眼，因为树下已变成了一片汪洋，吓得他大喊救命。后来，有人找来了一位老者，老者知道这古松有灵性，是折松枝的人冒犯了古松。于是，老者便在树下焚香祷告，姓康的人才被救下来。

葫芦峪泉

葫芦峪泉位于南部山区西营街道办事处葫芦峪村中，海拔275米，因在葫芦峪石崖下而得名。泉池呈井形，由乱石砌就，上窄下阔，井口直径1米，井深2米，水位1米，水盛时溢出井外流入葫芦峪水库。经检测，泉水pH值为7.8，是村民饮用水源。

葫芦峪泉　董希文摄

泉上树木茂密，秋季红叶满山。距离泉井东650米处峪沟内有葫芦峪水库，水库犹如一颗明珠，镶嵌在葫芦峪的怀抱。水库于1973年建成，蓄水量21万立方米，为农林灌溉发挥了很大作用。

葫芦峪泉30米处有葫芦峪革命遗址（中共济南工委、历城县政府活动地旧址），这里曾为解放历城县作出了重大贡献。1982年该遗址被定为县级重点革命遗址保护单位。

葫芦峪泉

葫芦峪水库　董希文摄

葫芦峪革命遗址　董希文摄

163

滴水崖泉

滴水崖泉位于南部山区西营街道九如山景区深潭飞瀑游览区,九天潭南侧,海拔606米。

泉水自石罅中涌出,由石崖跌下,形成层层叠瀑,又经山溪流向九天潭,蔚为壮观。泉下为九天潭、九地潭,泉东南有小天英瀑、小天柱瀑。

滴水崖泉　董希文摄

滴水崖泉

滴水崖泉叠瀑　董希文摄

二十四节气泉

九如山风景区位于南部山区西营街道锦绣川源头之一的葫芦峪。

2005年,伴随着景区的开发,古老的葫芦峪焕发了青春,分布在沟沟壑壑的无名泉纷纷被唤醒,这些泉子涌流为溪,倾泻为瀑,积聚为潭,汇融为川,也成就了以泉、溪、瀑、潭、栈、山融为一体的大型国家级森林生态园。2012年,"泉城新八景"评出,"九如听瀑"跻身其中。九如山山谷内,有20余泓泉水出露,名曰"二十四节气泉"。

二十四节气泉示意图

二十四节气泉

立春泉位于九如山景区深潭飞瀑游览区入口，直符潭北侧。泉水自石罅中涌出，水量较大，与谷内其他泉水合流，经水溪流向葫芦峪水库，最终汇入锦绣川。

雨水泉位于直符潭南侧。泉池直径约2.6米，深1.2米，乱石砌岸。泉水自池内东侧石罅中流出，出露形态为线流，水量较大，经明渠潺潺流向直符潭。

惊蛰泉位于九如山景区深潭飞瀑游览区六合潭南头金云桥旁。

立春泉　董希文摄

泉池为圆形水湾，直径1.8米，深1.2米，乱石砌岸。泉水自池内东侧大堰下石罅中流出，出露形态为线流，水量较大，通过明渠潺潺流向六合潭。

春分泉位于九如山景区深潭飞瀑游览区螣蛇潭东侧。泉池为圆形水湾，直径3米，深1.2米，乱石砌岸。泉水自池内南侧大堰下石罅中流出，出露形态为线流，经明渠潺潺流向螣蛇潭。

谷雨泉位于九如山景区深潭飞瀑游览区六合潭栈道西侧。泉水自石罅中涌出，直接流入六合潭。

立夏泉位于螣蛇潭南侧。泉池为圆形水湾，直径3米，深1.2米，乱

涌泉泉群（下册）

直符潭　董希文摄

雨水泉　董希文摄

立夏泉　董希文摄

小满泉　董希文摄

谷雨泉　董希文摄

夏至泉　董希文摄

二十四节气泉

六合潭之冬　董希文摄

石砌岸。泉水自池中涌出，经明渠潺潺流向螣蛇潭。泉边为天柱瀑，泉外为螣蛇潭，泉上为六合潭。

小满泉位于九如山景区天蓬瀑布游览区滴水崖南侧。泉水自石罅中流出，出露形态为线流，流入山溪后又流向滴水崖。

芒种泉位于九如山景区深潭飞瀑游览区太阴潭天心瀑西侧。泉水自石罅中涌出，直接流入太阴潭。

夏至泉位于九如山景区深潭飞瀑游览区太阴潭南侧。泉池为圆形水湾，直径1.8米，深1.1米，乱石砌岸。泉水自池内南侧大堰下石罅中流出，出露形态为线流，通过明渠潺潺流向太阴潭。

小暑泉位于太阴潭南侧。泉池为圆形水湾，直径2.1米，深1.2米，乱石砌岸。泉水自池内南侧大堰下石罅中流出，经明渠潺潺流向太阴潭。

169

涌泉泉群（下册）

小暑泉　董希文摄

立冬泉　董希文摄

大雪泉　董希文摄

大暑泉　董希文摄　　　　　　　　　　　　大寒泉　董希文摄

大暑泉位于九如山景区天庭瀑布游览区。泉水自大堰下石洞中涌出，经山溪欢呼跳跃着流向滴水崖。

秋分泉位于九如山景区深潭飞瀑游览区九天潭北侧。泉池为圆形水湾，直径 3 米，深 1.3 米，乱石砌岸。泉水自池中石罅中涌出，清澈甘洌，流向九天潭。

寒露泉位于九如山景区天庭瀑布游览区滴水崖餐厅南侧。泉水自石罅中涌出，流入九天潭。现水源已被保护，泉水经水管引至餐厅作为生活用水。

立冬泉位于九如山景区天蓬瀑布游览区九天潭南侧。泉水自石崖下石罅中涌出，流入不规则圆形浅水池，之后经山溪流入九天潭。

大雪泉位于九如山景区天蓬瀑布游览区天池东南侧，接近山顶，为高山清泉。泉水自石罅中涌出，跌入下方圆形浅水池，之后经山溪流入天池。

冬至泉位于九如山景区天池东侧。泉池为自然水湾。泉水自池中石罅中流出，出露形态为线流，入水湾后经山溪流向天池。

小寒泉位于天池西侧。泉水自石罅中涌出，直接流入天池。池水清澈见底，受季节、环境、光照影响，一年四季色彩斑斓。

大寒泉位于天池南侧，接近山顶，为高山清泉。泉水自石罅中涌出，流入圆形浅水池，之后经山溪形成层层叠瀑，流入天池。

大南营饮马泉

饮马泉位于南部山区西营街道办事处大南营村南百花园广场西路北，海拔318米。传说，李世民东征时曾在此安营扎寨操练兵马，由于饥渴难忍，战马竟然用双蹄刨出了一泓泉水，李世民心疼爱马，让马先喝，此泉因此得名"饮马泉"。

泉池呈井形，由乱石砌垒。井口呈圆形，直径1.2米，井深11米。泉水常年不竭，清澈甘洌，水量较大，是村民饮用水源，也有农业灌溉之利。泉井旁有李世民和战马塑像，一自然石碑上书"李世民饮马泉"。

饮马泉　董希文摄

玉泉

玉泉位于南部山区西营街道上阁老村玉泉寺遗址,海拔528米,因泉水像碧玉一般而得名。

明崇祯《历城县志》、清乾隆《历城县志》均载,玉泉在龙集寺观音阁下,"涓涓东注,龙集独胜"。清乾隆《历城县志》载,"玉泉寺,又名果老庵,在龙集山"。

泉水自岩缝流出,出露形态为涌流,常流不竭,流入长2.6米、宽2.4米的由料石砌岸的长方形泉池。泉水水位很高,鞠身可得,观之清澈悦目,饮之清凉甘洌。泉水自泉池流出之后,经暗渠流入北侧1968年修建的地下蓄水池。经检测,泉水pH值为8.1,属优质活性弱碱水,为村民主要饮用水。

玉泉　于庆摄

涌泉泉群（下册）

玉泉泉池　董希文摄

　　泉边的一雄一雌两棵千年银杏树，为玉泉寺遗物，生长茂盛，亭亭玉立，护佑着玉泉。在玉泉寺院落内还有一块体量很大的石碑碑首，碑首雕刻双龙戏珠的图案，栩栩如生，从雕刻风格来看，该碑首当属明代。在石碑碑首旁边，还有一块残碑，碑身上的文字清晰可见，碑文写有"玉泉乃大唐之重寺"。

箭杆泉

箭杆泉,又名"降甘泉",位于南部山区西营街道下降甘水库,海拔392米。相传箭杆泉是李世民东征时用箭射出的一泓泉水。

箭杆泉,原为自然水湾,泉水自石崖缝隙中流出,出露形态为涌流,水量颇大,为村民饮用水源和农业用水。下降甘水库于1972年6月建成,总库容15万立方米,可灌溉面积350亩。箭杆泉泉口淹没于水库之中,现只能在汛期看到因泉水出涌而产生的水纹。

下降甘水库　董希文摄

胭脂泉

胭脂泉位于南部山区西营街道后降甘村,海拔509米,传说是观音菩萨梳洗打扮的地方而得名。泉边土为粉红色,这也可能是胭脂泉的得名原因所在。

明、清《历城县志》俱载"胭脂泉,在玉泉寺岭前"。清郝植恭《济南七十二泉记》云"曰胭脂,以其色也"。泉在高堰中部石洞内,洞口高1.2米,宽0.8米,洞深1.2米,券门上刻有"胭脂泉"三字。泉水自石罅中涌出,流入洞口直径1.8米、深0.6米的圆形水池,后流出水池落入下方3米处的水湾,哗哗作响。水湾为石砌,水湾长约6米,宽约3米,深1.2米。水湾外为长30米、宽12米、深3米的水池。泉水下落处苔藓碧绿,池内泉水清澈,池边芦苇丛生。泉水常年不竭,口感甘甜,是居民饮用和农业灌溉的主要水

胭脂泉石洞 董希文摄

胭脂泉

洞内胭脂泉　董希文摄

流出洞外的胭脂泉　董希文摄

胭脂泉水湾　董希文摄

源。村民用水管将泉水引入村边一座蓄水池。经检测，泉水 pH 值为 8.4。水盛时汇入下降甘水库，之后流向锦绣川。

　　胭脂泉北有玉泉寺，西依磨峪顶山，下有下降甘水库，环境优美。这里春季山花竞放，夏季泉水淙淙，秋季红叶满山，冬季白雪掩山。

北沟泉

北沟泉位于南部山区西营街道上降甘北沟村，由杜家坡村至上降甘村的公路边，海拔589米。泉因村而得名。

泉池长6米，宽3米，深2米，水位2米。泉水自出水口流出，跌入长6米、宽2.5米、深1.5米的水湾。现有水管将泉池水引至水湾外蓄水池。蓄水池长10米，宽5米，深2米。泉水清澈，常年不竭，是北沟村、栗林村村民饮用水源，并有农业灌溉之利。经检测，泉水pH值为7.9，属优质弱碱饮用水。

北沟泉　董希文摄

栗林泉

栗林泉位于南部山区西营街道上降甘栗林村南，由杜家坡村至上降甘村的公路边，海拔533米，因在栗林村而得名。

泉池为半地下式，长6米，宽3米，深2米，水位2米。泉水自地下涌出，汇入长6米、宽2.5米、深1.5米的水湾。泉水清冽，终年不息，造福乡里。泉水流到50米外形成一座小塘坝，为农业灌溉之用。经检测，泉水pH值为8.1，属优质弱碱饮用水。泉边栗树成林，村民以板栗种植作为主要经济来源之一。

栗林泉　董希文摄

栗泉

栗泉，原称"洪泉"，位于南部山区西营街道上降甘村洪泉子峪口，为锦绣川源头之一，海拔488米。因泉北有千年栗树王，2021年将此泉命名为"栗泉"。

栗泉　董希文摄

栗泉泉池为石砌，长约13米，宽6米，深3米，水位2.6米。泉水出露形态为线流，一年四季自石罅中流出。泉水流出后分为两股，一股入南侧小水塘，另一股经小溪向北流入锦绣川。泉水常年不竭，清澈甘洌。水盛时顺山峪下泻。村民在泉北侧开办农家乐，用栗泉水做泉水宴，深受游客青睐。经检测，泉水pH值为8.0，属优质活性弱碱水。

洪泉

洪泉位于西营街道上降甘云梯村北洪泉子峪,海拔589米,因盛水期泉水洪大而得名。又因泉所在的山峪俗称"洪泉子峪"或"洪泉沟",故又名"洪泉峪泉"。

洪泉为锦绣川源头之一。清乾隆《历城县志》载,"锦绣川水源出梯子山云梯涧,西北流经南将干庄之东,右纳红(洪)泉峪水"。民国《续

汛期时的洪泉 董希文摄

洪泉与小塘坝　董希文摄

修历城县志》载:"锦绣川其源有三:……一发于东南箭干庄(降甘村)梯子山之洪泉。"

2021年3月泉水普查时发现,泉水水量较小,水深只有1米。塘坝中漂有树叶,周边长满青苔,边角长有芦苇,水色碧绿,清澈见底。

2021年8月泉水普查时发现,泉水自多处石罅中汩汩流出,出露形态为涌流。泉水先汇入直径为8米的半圆形小塘坝,又经小塘坝西岸中部出水口溢出,雨季水量很大,溢池下泻,发出轰轰水声,响彻谷中。后经山溪流向梯子山下河道,最终汇入锦绣川。

有了洪泉子峪之水的润泽,峪谷内的桃树、樱桃树、板栗树等果木长势旺盛,果实连年丰收。

孟姜女泉

孟姜女泉，曾名"无名泉"，位于南部山区西营街道王家庄东，海拔461米，因泉在孟姜女祠下而得名。泉在一棵老柳树下，又名"老柳泉"。

泉井口呈方形，边长0.63米，井深3米，水位1.6米。井口有铁质辘轳。泉水常年渗流，积水成井，为村民主要饮用水源。经检测，泉水pH值为8.2，属优质活性弱碱水。

孟姜女泉在大堰半腰长出的大垂柳荫庇下，垂柳主枝有三，树围3.8米，树高约15米，树冠最大直径22米，树龄已有50多年。泉南为河道，汛期泉水溢出井外，沿河道流入锦绣川。

孟姜女泉　董希文摄

藕池泉

藕池泉位于南部山区西营街道藕池村西头河道西侧泉子崖下,海拔406米,因在藕池村而得名。

泉池呈圆形,由乱石砌垒,直径2米,深2米,水位1.2米。泉水出露形态为涌流,常年不竭,汛期水量较大,溢出池外流入藕池河道,汇入锦绣川。

村民在泉边开办荷花园农家乐,用泉水宴招待客人,并打造小景,深得游客青睐。小桥流水人家,翠竹郁郁叠叠,别致幽静。

· 藕池泉　董希文摄

大石梁泉

大石梁泉位于南部山区西营街道藕池村东南千条沟生态风景区大石梁沟内，海拔595米，因在大石梁下而得名。又因泉水跌落在石头上发出啪啪的响声，故又名"鞭抽泉"。

泉水自巨石下流出，出露形态为线流，常年不涸，水势旺盛，经山溪流入藕池水库。村民安装输水管道将泉水引至泉下三个蓄水池，并引入村中供上藕池村、下藕池村800人生活用水。泉下第一、二蓄水池均建在地下，第一蓄水池长12米，宽6米，深4米，第二蓄水池长8米，宽6米，深2米，池上有水泥封顶保护。第三蓄水池长20米，宽10米，

大石梁泉　董希文摄

涌泉泉群（下册）

大石梁泉水池　董希文摄

深3米，为敞开式，无封顶。此泉既解决了全村人的饮水问题，又能为扑救山火发挥重要作用，还作为藕池水库的主要水源，为农业灌溉提供便利。

藕池村千条沟生态风景区总面积8.8平方公里，海拔在350～850米。山中峡谷深不可测，涧涧相连，沟沟环套，据说有千条，故得"千条沟"之美名。每逢春暖花开季节，千条沟漫山遍野的白菜花层层叠叠，错落有致。夏季，这里清泉成溪成瀑，叮叮淙淙，十分凉爽，是消夏避暑胜地。秋季，千条沟更是色彩斑斓、风景如画，板栗、核桃、山楂、柿子果实累累，千亩果园，一片丰收景象。冬季的千条沟，骤雪初霁时，沟沟壑壑白雪皑皑，银装素裹，在阳光照射下格外耀眼。

墨林古井

墨林古井位于南部山区西营街道梯子山村内,海拔519米。相传李世民东征时在此安营扎寨,饮用此井之水后兵强马壮,引得历代文人墨客前来挥毫泼墨,故得此名。

泉池为石砌圆井,井口直径0.9米,深12米,水位2米。泉水常年不竭,清澈甘洌,是村民主要饮用水源。经检测,泉水pH值为8.1,属优质弱碱性饮用水。井边是一家农家乐饭店,饭店因井而兴,生意红火。井东侧有两株大板栗树,其中一株如同被雕琢一般,瘦、透、漏、空,像艺术品一样。东侧还有"墨林古井"泉名碑一通,碑高1.6米,宽0.8米。

墨林古井　董希文摄

梯子山南泉

南泉位于南部山区西营街道梯子山村,海拔541米,因在村南而得名。南泉泉池,分内、外两池。内池嵌套于外池之中,位于外池中南部,呈方形,边长1.2米,经常被外池淹没,很难被人发现。内池之水漫出后进入外池。外池大致呈长方形,池长30米,宽20米,深2.6米,水位2米。外池西北角为泄水口,南泉及云梯涧诸泉水由此下泻,流向锦绣川。

泉水出露形态为渗流,常年不竭。过去是村民主要饮用水源,也是锦绣川源头主脉。泉水受环境影响,五彩斑斓。泉南群山环列,巉岩壁立,青松挺拔,梯子山耸入云端,气象苍茫。周围植被覆盖率达95%,葱郁繁茂。冬日,泉池之上云雾弥漫,如仙山琼阁,别有情致。

南泉　董希文摄

云梯泉

云梯泉位于南部山区西营街道梯子山村南，海拔548米，因位于云梯山下而得名。

泉水自大堰巨石下流出，出露形态为渗流，流入一长1.2米、宽0.8米、深0.6米的自然水湾。泉水流出水湾，经小溪流入南泉水池，常年不竭。经检测，泉水pH值为7.8，属优质弱碱性饮用水。泉下民宿和泉西农家乐，依托梯子山天然的风景和云梯泉优质的泉水，游客络绎不绝。

云梯泉　董希文摄

梯子山柳泉

柳泉位于南部山区西营街道梯子山村南东山，海拔675米，因在柳树沟子而得名。

泉水在大石下流出，出露形态为渗流，流入由乱石砌垒的方形小池，小池长0.5米，宽0.4米，深0.6米。泉水流出小池后，经小溪流入南泉水池，常年不竭。经检测，泉水pH值为8.3，属优质弱碱性饮用水，是村民饮用水源。现在柳树沟子里所种的槐树郁郁葱葱，遮天蔽日。泉边生长着多种草药，如金银花、山姜、何首乌、黄芩、沙参等。

柳泉　董希文摄

马蹄泉

马蹄泉位于南部山区西营街道梯子山村南东山，海拔 728 米，因泉池形状似马蹄而得名。传说泉池是李世民的战马留下的马蹄印。

泉池长 3.8 米，宽 2.6 米，深 0.7 米。泉水从池东北角石缝流出，出露形态为渗流。泉水流出泉池，经山溪流入南泉水池，汇入锦绣川。马蹄泉泉水很旺，常年不断，水质优良。此泉过去是村民饮用水源，现在是开办农家乐的重要水源。泉边生长着多种草药，其中连翘遍布最广。每到春季，这里金黄一片。

马蹄泉　董希文摄

寒泉

寒泉位于南部山区西营街道梯子山村西南，跑马岭野生动物世界猛兽区东北侧崖下山腰，海拔 770 米，因此处山高阴寒而得名。

寒泉　董希文摄

民国《续修历城县志》载："锦绣川其源有三：……一发于东南箭干庄冻冻山下之寒泉。"寒泉在山腰峭壁上，泉水依山岩漫流。此山因山高阴寒，一年之中长时间结冰，故名"冻冻台"。寒泉无泉池，有两处泉口，泉水出露形态为线流，常年不竭。泉水自石下流出后经山溪流入云梯涧。寒泉每年 11 月结冰，翌年春深日暖，冰释成瀑，泉水从崖

寒泉

寒泉第二泉口　陈星摄

寒泉第一泉口　陈星摄

上下泻，景色颇为壮观。汛期，与其他泉水合流，沿云梯涧滚滚流下，形成层层叠瀑，奔腾跳跃，哗哗作响，闪着粼粼波光，湍湍奔向锦绣川。

下罗伽泉

下罗伽泉位于南部山区西营街道下罗伽村东北山根，海拔367米，因在下罗伽村而得名。泉池为石砌方形，边长1.2米。泉水自石罅中流出，出露形态为线流，常年不竭。经检测，泉水pH值为8.1，为农业灌溉水源。泉水经暗渠流入8米外的水池，水池为石砌，长12米，宽8米。泉池东头有三株老柳树，生长茂盛，庇荫泉池。泉池周边遍植桃树、杏树、梨树、苹果树、核桃树等，因泉水的灌溉，果树长势喜人，连年硕果累累。

下罗伽泉水池　董希文摄

长泉

　　长泉位于南部山区西营街道下罗伽村,海拔367米,因泉池呈长条形而得名。泉池为石砌,长2.5米,宽0.6米,泉眼位于泉池东侧。长泉属季节性泉,水量较大。据村民讲,只要长泉的水漫过泉池,济南趵突泉的三股水就会喷得高,因此村民去趵突泉参观前都是先看看长泉水是否漫过了泉池。长泉为灌溉农田水源,经检测,泉水pH值为7.8,属优质活性弱碱水。

长泉　董希文摄

下罗伽古井

下罗伽古井位于南部山区西营街道下罗伽村西头河道北侧，海拔374米。泉井为石砌，井口呈长方形，长0.8米，宽0.4米，井深约9米。泉水常年不竭，是村民饮用水源。井上安装有辘轳，也有村民用水管将泉水提至家中使用。经检测，泉水pH值为8.1，属优质活性弱碱水。村中路边还有一古井，古井为石砌，井口呈方形，边长1米，井深约8米。井内泉水常年不竭，也为村民饮用水源。

下罗伽古井　董希文摄

杏行泉

杏行泉位于南部山区西营街道杏行子村泉子沟内,海拔261米,因地处杏行子村而得名。泉池为青石砌垒的圆井,井口直径1.5米,常年有水。经检测,泉水pH值为8.1。泉池四面环山,池水碧透,汛期泉水外溢,流入泉下水塘,之后流入杏行塘坝。

杏行泉　董希文摄

杜金泉

杜金泉，又叫"兜金泉"，位于南部山区西营街道杜家坡村西，海拔515米，因在杜金坡村而得名。

杜金泉无泉池，泉水自石缝中流出，汛期开泉，水量较大，经山溪流向下罗伽水库。该泉因距离村庄较远，过去一直未被开发利用。近年来，距离泉不远处的一尊石猿人像吸引众多游客前来观赏，于是该泉也成为游客饮用和观赏的水源。

石猿人像在杜家坡西约两公里处的老驴沟东山坡，杜金泉就在此沟内。石猿人像面向西南方向，神情镇定地注视着远方。那浓密的头发、

杜金泉　董希文摄

杜金泉

石猿人像　董希文摄

突出的眉骨、凹陷的双目、厚厚的嘴唇、鼓出的微微张开的嘴巴，极像猿人。这尊天然形成的石猿人像，天造地设，实为世间罕见。

润泽泉

润泽泉位于南部山区西营街道杜家坡村南,海拔556米,因泉水甘洌、润泽苍生而得名。泉池呈圆形,直径3米,深1.5米,池边立"润泽池"碑。泉水自泉池上方石缝中流出,与多处泉源汇聚于泉下水池,之后沿暗渠流向下方润泽池。经检测,泉水pH值为8.6。泉上连翘等植物遍布,郁郁葱葱。泉下水池中睡莲浮动,荷花竞放。池边翠竹依依,意趣横生。泉水四季不涸,是村民饮用水源之一。

润泽池　董希文摄

跑马泉

跑马泉位于南部山区西营街道跑马岭森林公园内,隶属叶家坡村,海拔709米。相传李世民东征时曾在此山岭操练兵马,故名"跑马岭",而此泉位于跑马岭半山腰,故名"跑马泉"。

泉池原为自然水湾,因此又叫"饮马湾"。现泉池由乱石砌岸,呈心形。泉水自池底多处泉眼渗出,四季不涸。盛水期,泉水沿池岸外溢流向山下,经罗伽河汇入锦绣川。泉水主要为村民饮用和农林灌溉之用。泉池下有一片菜园,用泉水灌溉的蔬菜生机勃勃,一派丰收景象。

跑马泉泉池　董希文摄

藏主泉

藏主泉位于南部山区西营街道藏主庵村南，海拔630米，因在藏主庵附近而得名。泉池呈圆形，直径2米，深1.1米。泉水自大堰下石缝中流出，汛期水量较大，经山溪流向下方下罗伽水库。泉边有一棵大柳树荫庇着泉水。泉水四季不涸，清澈甘洌。经检测，泉水pH值为8.3，是村民饮用水源。

泉北侧为藏主庵遗址，泉南500米处有藏主石和一株古柏树。相传，唐太宗李世民曾在此藏身，躲过敌军的追杀，后养精蓄锐，演练兵马，再战而胜。为纪念藏主之事，人们在此修建了藏主庵，并在附近种植一株柏树。古柏树虽历经千年风雨，仍郁郁葱葱，亭亭玉立。现在藏主庵遗址仅剩几件石质构件。

藏主泉　董希文摄

金鸡泉

金鸡泉位于南部山区西营街道野鸡坡村南,海拔562米,因在野鸡坡而得名。泉池呈不规则井形,直径1米,深1.5米。泉水自石缝中流出,经暗渠流入井外圆形水池。水池直径3米,深2米。泉水四季不涸,汛期水量较大,经山溪流入下方蓄水池。经检测,泉水pH值为8.3,是村民饮用和农业灌溉水源。

金鸡泉　董希文摄

供佛泉

供佛泉位于南部山区西营街道野鸡坡村中，海拔620米。泉池为地下池式，池长8米，宽4.5米，深2.5米。泉水四季不涸，自石缝中流入泉池，汛期水量较大时，经山溪流向下方蓄水池。经检测，泉水pH值为8.3，是村民饮用和农业灌溉水源。

泉池北侧有一块巨型花岗岩石，石高3米，宽2.5米，面向泉水的一面在一定光照下有佛像出现，因此村民为泉取名"供佛泉"。

供佛泉　董希文摄

泉边佛像石　董希文摄

刘家门前上泉·下泉

上泉，又叫"南井"，位于南部山区西营街道刘家门前村南，海拔571米，因在刘家门前村南而得名。泉水自泉井内石缝隙中流出，出露形态为线流。泉井由乱石砌垒，直径1.2米，井深3米，水位2米。井口呈不规则形，由五块料石砌成。泉水自井内出水口流出，入下方水湾，后经山溪流入锦绣川。

下泉，又叫"东泉"，位于村东侧大堰根，没有泉池，海拔541米，因在刘家门前村东而得名。泉水自大堰下石缝中流出，出露形态为线流，常年不涸，经山溪流入锦绣川。

上泉　董希文摄

下泉　董希文摄

石灰峪泉

　　石灰峪泉位于南部山区西营街道上降甘村南石灰峪，海拔 496 米，因在石灰峪而得名。泉池依石崖而建，两面由乱石砌垒，长 3.5 米，宽 1.2 米，深 1.2 米，水位 1 米。泉水自石崖缝隙流入泉池，汛期漫出池外，经山溪流向锦绣川。泉水清澈，常年不涸。村民用水管将泉水引入村内水池。泉水既是村民饮用水源，又有农业灌溉之利。经检测，泉水 pH 值为 7.2。

石灰峪泉　　董希文摄

济公泉

济公泉,曾叫"南泉",位于南部山区西营街道上降甘村石灰峪大岩石下,海拔 517 米。因此峪建有济公庙,故泉名"济公泉"。泉在石灰峪大岩石下,又称"石灰岩泉"。

济公泉前后共三座泉池,泉眼在第一泉池西北角,泉池长 2 米,宽 1 米,深 2 米。泉水出露形态为线流,水量较大,哗哗作响,自第一泉池流出后,经暗溪和石雕龙首吐入长 6 米、宽 5 米、深 2 米的第二泉池。泉水流出第二泉池后流入边长 6 米、深 3 米的第三泉池。三个泉池之间有两座小桥,形成一道小桥流水景观。汛期泉水漫出池外,经山溪流向锦绣川。经

岩石下的济公泉 董希文摄

济公泉第一泉池　董希文摄

济公庙　董希文摄

济公泉第二泉池　董希文摄

济公泉第三泉池　董希文摄

济公庙牌坊　董希文摄

检测，泉水 pH 值为 7.6。原为村民饮用水源，现主要供游人观赏。第一泉池石崖上篆刻"济公泉"三字，泉下有济公庙牌坊和济公庙。

智公泉

　　智公泉位于南部山区西营街道智公泉村,海拔 623 米,因传说智公高僧曾饮用此水而得名。智公泉有两个泉池,分别是上智公泉和下智公泉,两泉池均无泉碑。

　　智公泉古称"朱公泉",明晏璧《济南七十二泉诗》曰:"陶公已泛五湖船,尚有芳名寄此泉。萦绕柏窗风日永,济南别有一山川。"清道光《济南府志》载"朱公泉,在黑牛寨前",与今智公泉地址相合,

上智公泉　董希文摄

下智公泉　董希文摄

智公泉天池　董希文摄

盖因谐音,将朱公泉衍称为"智公泉"。村以泉名,叫"智公泉村"。

上智公泉泉池呈长方形,池长7米,宽1.8米,由水泥修筑,留有1.2米见方的取水口。泉水出露形态为线流,自石堰洞中流出,四季不涸,流入水池,哗哗有声,清澈甘冽。村民在泉池北头建有泵房,并安装水泵,供村民取水用。泉池下方有一长13米、宽5米、深2米的蓄水池。经检测,泉水pH值为8.0,属优质活性弱碱水。

下智公泉在智公泉村有两个泉池,分别是西泉和东泉(过去一直称为"南泉""北泉"),两泉均没有泉碑。东泉距离西泉400米,因在智公泉东而得名。下智公泉泉池呈长方形,池长10米,宽4米,深2.5米,由水泥修筑,留有1.2米见方的取水口,四季不涸,是村民主要饮用水源。泉水自石罅中流出,出露形态为涌状,涌入泉池,水质清澈。村民在泉池北头建有泵房,安装水泵,供村民取水用。泉池外侧建有一长42米、宽14米、深3.5米的蓄水池,村民称之为"智公泉天池"。

林商泉

林商泉位于南部山区西营街道营南坡村东路边,海拔 395 米。

泉池由石砌,长 8 米,宽 6 米,深 2 米,池上由水泥封顶,留有 1.2 米见方的取水口,池四周建有 0.6 米高的水泥护墙。泉水自池内西北角石缝中流出,常年不竭,清澈甘洌。据检测,泉水 pH 值为 8.3,属优质活性弱碱水,是村民饮用水源,也有农业灌溉之利。

营南坡村位于西营以南 1 公里,东邻营东峪,西为黑峪,南依会仙山。村南有古泉会仙泉,村东有林商泉。清康熙年间,段氏由郭店迁此,因建村在西营之南山坡,故名村为"营南坡村"。

林商泉 董希文摄

林商泉泉池 董希文摄

| 涌泉泉群（下册）

会仙泉

  会仙泉位于南部山区西营街道营南坡村南，海拔463米，因源于会仙山而得名，当地人又称此泉为"上泉"。

  泉水自大堰下石缝流出，汇入石砌长方形池中，池长6米，宽2.8米，深2.2米，水位1.2米，是村民主要饮用水源。泉上立1964年《重修会仙泉》碑。水盛时随溪水流入下方蓄水池，蓄水池长30米，宽16米，有农业灌溉之利。经检测，泉水pH值为8.1，属优质活性弱碱水。泉下有一泉，称"下泉"，也叫"半月泉"。会仙山，在西营西南1.5公里处，海拔553米，因山上曾建有会仙庙，故名。

会仙泉　董希文摄

会仙泉泉下蓄水池　董希文摄

半月泉

半月泉位于南部山区西营街道营南坡村南,海拔450米,因泉池形似半月而得名。当地人又称之为"下泉",因为泉上有上泉,即会仙泉。

泉水自大堰下石缝流出,汇入长1.3米、宽0.6米、深0.7米的石砌半月形水湾,之后随溪水流入下方大型蓄水池。蓄水池长28.6米,宽13米,深6米。半月泉是村民饮用水源,也有农业灌溉之利。经检测,泉水pH值为7.8,属优质活性弱碱水。

半月泉　董希文摄

营南坡古井

营南坡古井,又叫"西井""上井",位于南部山区西营街道营南坡村西南,海拔465米,因在营南坡而得名。

泉井为石砌,井口呈方形,边长1米,深4米,井上有铁制辘轳。由支撑辘轳的石头可以看出,该井有些年头了。据村民讲,清朝时先人们搬来时就吃这口井的水。井水清澈甘甜,常年不竭。据检测,泉水pH值为8.4,属优质弱碱活性水,是村民饮用水源。

营南坡古井井口　董希文摄

营南坡古井　董希文摄

黑峪泉

黑峪泉位于南部山区西营街道黑峪村付家峪，海拔 372 米，因在黑峪而得名。因泉井在付家峪，故又称"付家峪古井"。

古井在一棵大核桃树的庇荫下，泉井为石砌，井口长 0.8 米，宽 0.6 米，井深 15 米。井上安装有铁制辘轳。泉水常年不竭，清澈甘冽，是村民主要饮用水源。

黑峪泉　董希文摄

市民在黑峪泉汲水　于庆摄

小泉

小泉位于南部山区西营街道黑峪村,海拔 320 米,因泉水小而得名。

泉池在黑峪老村东首路边大堰下,由乱石砌筑的石屋内,石屋高 2.2 米,宽 1.5 米,深 1.2 米。泉水自石嘴中流出,出露形态为线流。泉水出口外为一小型水池,墙外留有取水口。泉水通过水管引入村民家中,供村民生活使用。泉池外有石槽一方、大杨树一株。

小泉周边环境　董希文摄

小泉　董希文摄

龙吟泉

龙吟泉位于南部山区西营街道栗行村南,海拔476米。传说李世民曾在此煮茶吟诗,故名"龙吟泉"。因泉在栗行村,又名"栗行泉"。

泉水自一棵千年刺松下的洞穴中涌出,常年不竭。泉池呈不规则形,池岸为自然土石,池长2.66米,宽2.16米。泉水经明渠流入下方长36米、宽20米、深5米的大型蓄水池,再经输水管道流至街头1米见方的石砌方池,汩汩潺潺,水花翻腾,清澈明净,俯身可汲。经检测,泉水pH值为7.8,属优质活性弱碱水。

龙吟泉　董希文摄

泉洞口上方刻有"龙吟泉"三个大字。泉上的千年刺松，树围 3.5 米，传说为李世民所栽。洞口右侧一自然石上镌刻："悬崖峭壁居石岭，古洞龙泉水凉清。扫叶捧茶松荫里，夕阳西下鸟自鸣。"传说是李世民即兴所作。洞口右侧有一块青石板，长 1.4 米，宽 0.6 米，传说为李世民煮茶品茗所用。在青石板西侧石堰上镶嵌一石刻，石刻高 0.6 米，宽 0.3 米，上刻："藉此仙灵，助我琴石，高山流水，心旷神怡。"落款为"留余道人"。

传说，李世民东征时在此安营扎寨，口渴难耐，但周边没有人家，也没发现河流。李世民和将士们四处寻找，找累了，便一屁股坐在地上，突然觉得屁股下湿漉漉的，起身一看，地上石缝里有一小股水流出，他赶紧将乱石移开，泉水顿时喷薄而出。原来，这里是一眼泉。李世民大喜，当即为此泉赐名"龙吟泉"。临行时，李世民在泉边亲手栽了刺松。千余年过去，龙吟泉与古松柏相互依偎，见证着时代的变迁。

苗家峪古井

苗家峪古井位于南部山区西营街道苗家峪村，海拔 461 米，因在苗家峪而得名。

泉池为石砌圆井形，直径 0.9 米、深 6 米，井口为长方形，由四块料石砌成。泉水常年不竭，清澈甘洌，是村民主要饮用水源。经检测，泉水 pH 值为 8.2，属优质活性弱碱水。

泉上为黑牛寨，黑牛寨山崖有虎啸泉，苗家峪是通往虎啸泉的必经之路。

苗家峪古井　董希文摄

虎啸泉

虎啸泉,又叫"黑峪泉",位于南部山区西营街道黑峪村苗家峪,海拔683.8米。因泉水在山崖洞中喷涌,声如虎啸而得名。

虎啸泉地处苗家峪西黑牛寨山北侧山崖一石洞内。石洞高约60厘米,宽40厘米,距离山根3.5米。石洞东侧山崖上刻有"虎啸泉"三个大字。泉水自洞中涌出,沿山崖流入一边长1.5米、深1米的水池中,然后经暗渠流入山下村中水池。

虎啸泉　董希文摄

李家庄青龙泉

青龙泉位于南部山区西营街道李家庄村,海拔 293 米,因在青龙山下而得名。泉池依山根呈不规则形,池沿由青砖砌垒。池边自然巨石上刻"青龙泉"。泉水自石罅中流出,出露形态为涌流。泉上有一棵古柏庇荫泉池,东侧也有一棵古柏,树下有一座小庙。经检测,泉水 pH 值为 8.1,属优质活性弱碱水。泉水常年不竭,清澈甘冽,是村民主要饮用水源。青龙泉外有小河穿村而过,河水常流不息,形成层层小叠瀑。河岸杨柳依依,掩映着小桥人家,好似一幅江南风景画。

青龙泉　董希文摄

秦口泉

秦口泉位于南部山区西营街道秦口峪村口，海拔361米，泉以村名。泉池呈正方形，边长1.2米，由乱石砌垒。泉水自池中小洞中流出，常年不竭，是村民主要饮用水源。经检测，泉水pH值为8.1，属优质活性弱碱水。

秦口峪村曾名"禽口峪"。明洪武二年（1369年），王氏由直隶（今河北省）枣强县迁此建村，因山峪地势宽大，而峪口处狭小，形似禽鸟之口而得名，后以谐音称"秦口峪"。明崇祯《历城县志》载："锦绣川路，擒口峪。"清乾隆《历城县志》载："东南乡南保泉三：勤口峪。"民国《续修历城县志》载："东庑乡南保全三，噙口峪。"

秦口泉　董希文摄

秦口峪老泉

老泉位于南部山区西营街道秦口峪东南的老泉村,海拔586米。因泉水亘古至今,汩汩不绝而得名。

民国《续修历城县志》载,"擒口峪之东山有泉曰'清沥',其上有泉曰'老泉',出山腰间,水亦入锦绣川。"老泉泉池位于由木鱼石砌成的拱形棚内,泉水自西南角石缝中涌出,经暗渠流入下方石砌长方形水池,水池长4米,宽2.65米,深2米,由水泥板棚盖。泉水出露形态为涌流,常年喷涌,村民用水管将泉引入家中饮用。在泉池东侧自然巨石上刻有金文"老泉"二字。经检测,泉水pH值为8.3,属优质活性弱碱水。泉四周山峦环抱,草木葱郁,环境幽雅,空气清新。

老泉　董希文摄

围泉子峪泉

围泉子峪泉位于南部山区西营街道围泉子峪自然村南侧大堰下,海拔556米。因其所处的山峪有五个山泉围绕,故该峪称"围泉子峪",而围泉子峪泉为其中最著名者。

泉池长1.2米,宽1.0米,池深1.2米,水位0.5米。泉水自泉池东南角小石洞中流出,清澈甘冽,四季不涸。汛期泉水溢出池外,经山溪流入锦绣川。经检测,泉水pH值为8.3,为优质弱碱水,村民用水管引泉入户饮用。泉的右上方有小佛龛,是为祭祀泉水而建。据秦口峪李宗信先生讲,该村过去曾叫"狼围子村",传说以前村周围有狼,村里有人抓住一只小狼,把狼头砍下挂在树上,惹怒了狼群,晚上狼群就把村子给围起来了。全村人吓得不敢出门,后来把其他村的村民召集起来,才把狼群赶走。

围泉子峪泉　董希文摄

石佛峪泉

石佛峪泉位于南部山区西营街道秦口峪石佛峪村东南，海拔544米，因附近有石佛而得名。

泉在由料石券砌的拱形棚内，棚内有方形小石洞。泉水自小洞内流出，形成水帘跌入水池，又经暗渠流入下方长5米、宽3.1米、深2.5米的由水泥砌筑的水池，之后又流入下方长6米、宽4米、深2米的水池。该泉是村民主要饮用水源。

泉上方90米处有三尊石佛造像，石佛刻在三棱锥形天然巨石上。巨

石佛峪泉第二水池　董希文摄

石佛造像　董希文摄

石顶上有系着红绸的石刻宝葫芦，北、西、南三面凿有三个约 1.2 米高的石窟，窟内分别雕刻有三尊石佛像。

石佛峪有孤峰庵，是四门塔下院。相传孤峰庵的一面石壁上有一只金鸡，每天早上都会打鸣，只有灵岩寺的得道高僧能听到。大约在明朝，南方一个道士偷偷来到孤峰庵，想把金鸡从石壁上敲下来，但叮叮当当的敲击声音太响，道士便退回山峪里想办法。后来他发现了山峪里这块天然的三棱锥巨石，便声称要在巨石上雕刻佛像。于是，道士白天便装模作样地在此雕刻佛像，晚上便跑到孤峰庵凿取金鸡。最终，佛像雕刻完了，金鸡也被道士偷走了。孤峰庵渐渐没落，道士雕刻的三尊佛像却留了下来。这条幽深的山峪便被称为"石佛峪"，山下的小村改名为"石佛峪村"，村内的这泓泉水被称作"石佛峪泉"。

石佛峪泉

石佛峪泉及石佛峪泉周边环境　董希文摄

清沥泉

清沥泉位于南部山区西营街道秦口峪村东南孤峰庵下,海拔530米。"清沥"之名有可能是"清冽",志书误载为"沥"。

民国《续修历城县志》载:"擒口峪之东山曰'马鞍寨',肖形也。有洞可容羊数百只,有泉曰'清沥',其上有泉曰'老泉',出山腰间,水亦入锦绣川。"清谢阡诗云:"峪口泉流清露沙,清泉小围一亭斜。篱门虚掩绳床净,罂粟盈畦欲放花。"诗的大意是,秦口峪泉水清澈得可看到水中的沙子,泉上还有一古亭,篱笆门虚掩着,可看到主人干净

邦泉　董希文摄

智泉　董希文摄

孤峰庵遗址　董希文摄

的绳床（绳床是过去用竹竿和麻绳做的一种能坐、能卧的休息用具，最早由印度传入），满畦的罂粟即将开放。该诗描述的秦口峪犹如优美的园囿画卷一般。

　　泉池呈方形，长1.2米，宽1米，深1米，由乱石砌垒。泉水自池中小洞中流出，常年不竭，雨季水量较大，现在是村民饮用和农业用水水源。2014年整修孤峰庵遗址时，在泉水上方自然石上刻"智泉"二字，泉池南侧5米处也有一泉，泉池上方刻"邦泉"二字。泉下住户吴氏用水管将泉水引至家中。泉下30米处的蓄水池用于蓄存两泉之水，进行农业灌溉。在泉西北430米处路西有一条河，河西岸也有一泉，此泉因地处罗河崖，故名"罗河崖泉"。泉水在石崖缝隙中流出，四季不涸，雨季水量较大，现有村民用水管将泉引至村中作为生活用水。

灿军井

灿军井是一口与济南历城一中同龄的老井，是历城一中校党委为纪念学校的初创者刘灿军先生而命名的。

1956年历城一中建校时，时任校党支部书记兼副校长的刘灿军先生带领教职工挖掘了这口水井。井深7米，井底直径大约1.6米，井口呈圆形，直径0.7米。此井水量充盈，水质优良，井口安装辘轳，解决了师生的生活用水问题，是历城一中的功臣。

刘灿军（1919—2001），山东省东平县人。1936年参加革命工作，

灿军井　董希文摄

历城一中新貌　董希文摄

同年加入中国共产党。抗日战争时期他先后从事泰肥地区地下情报、东平县四区抗日政府区助理、冀鲁豫二专署支前等工作，新中国成立后投身教育事业，1956年负责创建此校，并任党支部书记兼副校长。据原校长张乐庆介绍，1957～1964年，他在这里读初中、高中，当时水井安装有水车，南侧有一个水池子，每天由学生推水车汲水注入水池，后来改为使用辘轳取水。再后来有了机井，但每到停电时师生还是从水井打水。20世纪八九十年代，鉴于水井存在安全隐患，学校用水泥板将水井覆盖了。

2019年，学校不忘初心，饮水思源，重新修复此井，并命名为"灿军井"，并立"灿军井"碑，以纪念学校的初创者刘灿军书记，同时这也成为校园的人文景观和红色教育资源。

西许老井

西许老井位于南部山区仲宫街道西许村西北卧虎山东侧，海拔161米，因泉井在西许村而得名。

泉井东西长3米，南北宽2米，井深6米，井口被水泥板分为两个。泉水自卧虎山红页岩中涌出，四时不竭，甘甜可口。夏秋季节，泉水漫出井外，流入卧虎山水库。原来是村民主要饮用水源。现村内虽然已安装自来水，但还有不少村民前来取水饮用。经检测，泉水pH值为7.8，呈弱碱性，是较好的饮用水。井西侧有一棵百年柏树。

西许老井　董希文摄

永清泉

永清泉位于南部山区仲宫街道仲北村永清水库下路边，海拔163米，因紧靠永清水库而得名。

该泉无泉池，泉眼在石崖缝隙中。泉水自石堰下铁管中流出，出露形态为涌流，水量较大，四季不涸，冬暖夏凉。在造大寨田时，村民将泉水引出地外，之后在修筑公路时，用水管将泉水引至路边。冬季，村民常常在泉边洗衣洗菜。以前泉水主要供村民饮用，现主要用于洗涤衣物。

永清泉　董希文摄

泉上永清水库　董希文摄

富泉古井

富泉古井位于南部山区仲宫街道仲宫石板街43号徐家院内，海拔138米，因早年间是富泉酒店的酿酒水源而得名。

泉水出露形态为线流，泉井深6米，井口呈方形，边长0.8米。泉水自明朝起就是富泉酒店的酿酒用水，后因酒厂扩大改用其他水源，该井便成为居民饮用水源。虽然村中现已安装自来水，但因为此井水质好，所以很多村民仍喜欢取此井水饮用。

富泉古井　董希文摄

仲宫泉子峪泉

泉子峪泉位于南部山区仲宫街道泉子峪村北，海拔 221 米，因在泉子峪而得名。

泉水出露形态为涌流。20 世纪 70 年代，在泉水南侧修建水池两座，北侧小水池长 15 米，宽 8 米，深 4 米，南侧大水池南北长 30 米，东西宽 15 米，深 7 米。泉水自北侧水池北头石堰下涌出，水量较大，供全村饮用，且能灌溉 100 亩良田。经检测，该泉水 pH 值为 8.1，呈弱碱性，是较好的饮用水。据村民讲，泉眼在石崖下天然溶洞内，洞高虽不足半米，但非常深。丰水期，泉水自洞内涌出，声如虎啸，在几里之外都能听到。现在洞口已被石堰堵住，泉水只能自石缝中流出。据说此泉因水量大、水质好，邻村每逢打井，均到此泉借水，据说只要将此水倒入新井中，新井就立刻出水。

泉子峪泉　董希文摄

涌泉泉群（下册）

大寨泉

大寨泉位于南部山区仲宫街道双井村西南大寨峪，海拔262米，因在大寨峪而得名。

泉水出露形态为线流，井深3.5米，四时不涸。泉井口有铁制井口和井盖保护泉水。泉水自井壁流向井北侧蓄水池。蓄水池建于20世纪80年代，呈梯形，北墙长12米，南墙长8米，宽6米，深3米，池水用于灌溉农田，池东南角建有提水设备和管护房。

泉池周边遍植果树，不同季节，景色不同。赏花、品果、攀山、踏雪，趣味盎然，令游客流连忘返。

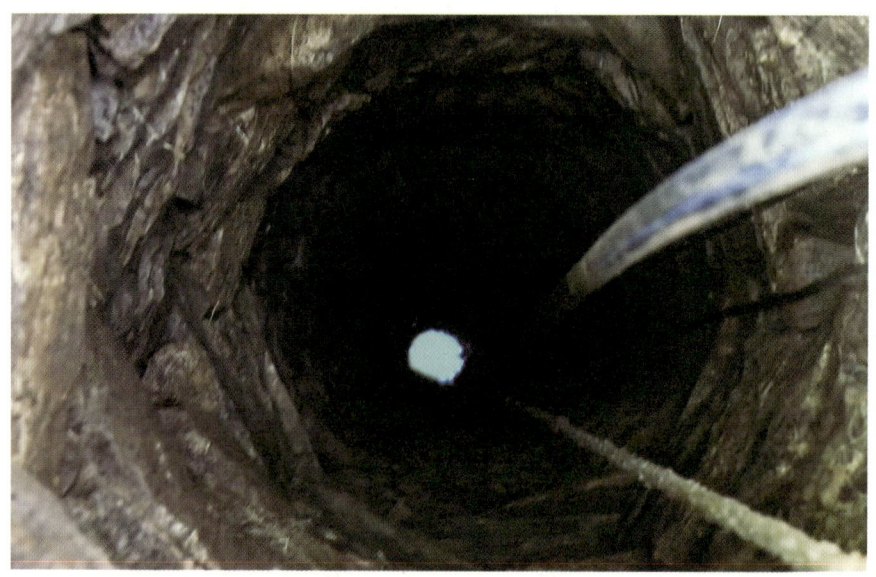

大寨泉　董希文摄

双井官井

双井官井位于南部山区仲宫街道双井村中，海拔258米。泉水出露形态为渗流，旱不枯，涝不溢。泉水甘甜，是全村村民饮用之水。大旱之年，周边村无水，均到此汲水。经检测，泉水pH值为8.1，呈弱碱性，是较好的饮用水。泉井旁有一株枝叶茂盛的柳树，据说树龄已近百年。

明刘敕《历乘》载："双井峪，八达岭后，山夹清溪，村环绿水。春深，桃花夹岸，疑若桃园。"双井村古时是济南通往西营、柳埠、泰安的官道必经之地。现村中的通济桥仍在使用，村西古石板路清晰可见。当年双井官井为过往行人提供饮用水源。

双井官井 董希文摄

龙门泉

龙门泉位于南部山区仲宫街道双井村河道石堰洞中,海拔 252 米,因泉边石桥额有"龙门"而得名。

龙门泉　董希文摄

该泉无泉池,在通济桥南侧河道东岸石券拱门洞内,券门高 1.7 米,宽 1.5 米,纵深 1.2 米,券门上额刻有"龙门"二字。泉水出露形态为涌流,从石崖中流出洞外。雨季水量较大,流向泉泸河,最终汇入锦绣川。

泉边河道,流水潺潺,并有多处小瀑布飞流直下。河道两侧树木茂密,风光优胜。

双井老泉

双井老泉位于南部山区仲宫街道双井村东峪口，海拔266米，因该泉亘古就有，故称"老泉"。

泉水出露形态为涌流，自石堰下流入长1米、宽0.75米、深0.5米的小池，之后经小溪流入南侧椭圆形塘坝之中。塘坝长40米，宽30米，

双井老泉　董希文摄

双井老泉塘坝　董希文摄

深3米，主要用于灌溉农田。雨季，泉水水量很大，溢出塘坝经小河流向泉泸河，汇入锦绣川。经检测，泉水 pH 值为 8.1，呈弱碱性，是较好的饮用水。据村民讲，该泉的泉眼在据此1000米处的东长峪，20世纪70年代修大寨田时筑涵洞将泉水引至此处。

泉池周边树木茂盛，空气清新，一泓碧水，犹如明镜，天光云影，倒映其中，水中鱼游，浮萍暗动，游人至此，掬一捧甘泉入口，涤净凡俗，超然其中。

金鸡泉

金鸡泉位于南部山区仲宫街道双井村东北,距离双井老泉15米,海拔267米。泉水自崖缝流出,出露形态为线流,流入长1米、宽0.6米、深3米的井池,之后沿池壁溢出,流入双井老泉塘坝。据村民讲,传说这里原来是一个金鸡窝,曾有人听见金鸡打鸣。后来,一个南方人把金鸡盗走了,鸡窝里竟汩汩冒出一股清泉来,"金鸡泉"因此得名。20世纪70年代,村民在此修建泉井,方便用水。该泉水质很好,煮开后没有水垢。经检测,泉水pH值为8.1,呈弱碱性,是村民饮用水源。

金鸡泉　董希文摄

四清泉

四清泉,又叫"天井泉",位于南部山区仲宫街道天井峪村东,海拔320米。传说该泉水与天井一脉相承,故名"天井泉"。20世纪60年代整修泉井时改名为"四清泉"。泉水出露形态为渗流,泉井深6米,井旁立石碑一通,上书"四清泉"。2012年,村民在井口建起六柱石凉亭,为与东山上的天井呼应,上书"天井泉",井口有石质护栏,凉亭建在半米高的平台之上。泉水水量不大,但四季不涸,水质甘冽。经检测,泉水pH值为8.1,呈弱碱性,是村民饮用水源。

四清泉　董希文摄

天一洞泉

天一洞泉位于南部山区仲宫街道天井村北，海拔 326 米，因在天一洞而得名。

天一洞在村北一人工开凿的山洞内，水量很大。据说，20 世纪 60 年代部队在开凿山洞时，挖到了"海眼"，一股泉水喷涌而出，有一名战士躲闪不及被泉水击倒牺牲了。于是，人们迅速将泉眼堵死，同时停止了对山洞的开凿，但泉水仍在汩汩流淌。村民将洞口用料石砌垒，并券一拱门，额题"天一洞"，又在洞口塑一神像。洞外建有大型蓄水池，供观赏和农业灌溉。

天一洞泉　董希文摄

天井

天井位于南部山区仲宫街道天井峪村东天顶山半山腰，海拔495米，因在天顶山而得名。泉在井内，为季节性泉，雨季开泉，泉水自井下涌出，盛时溢出井外，飞流直泻，形成层层叠瀑，十分壮观。天井之深无人知晓，有人称水自东海来。相传曾有仙女来天井戏水，留有绣花鞋在井边。

泉边山势奇峭巍峨，松柏苍郁茂密，自然风光得天独厚。天然井池，云烟缭绕，天井峪村村名由此而来。中国书法家协会理事、山东省书法家协会副主席张仲亭先生挥毫"天井""人间仙境""天成古井 泽润八方""宁静致远"，刻于泉井周边。

泉水四时不涸，清澈甘洌，滋润千顷良田，养育八方百姓。

天井　董希文摄

甘露泉

甘露泉位于南部山区仲宫街道波罗峪景区内，海拔370米，泉以甘露寺而得名。

明崇祯《历城县志》载："泉泸庄东，有甘露寺，唐贞观时建。"清乾隆《历城县志》载："香山寺，在泉泸，一名甘露，今废。"由此可知，香山寺与甘露寺是一个寺。据记载，当年香山寺的僧人们为了取水便利而建此泉井。

甘露泉井池为石砌，深8米，井口由四块青石砌成，呈长方形，长

勒痕累累的甘露泉井口　董希文摄

甘露泉在凉亭下　董希文摄

0.5 米，宽 0.4 米。泉水出露形态为渗流，水旺时可漫出井口。井口可以清晰地看到绳索磨出的痕迹，沟深达 8 厘米，由此可知该井的年代久远。为了保护这个珍贵的历史遗迹，景区在泉上修建了石亭。根据残存的碑文记载，当年乾隆皇帝到泰山封禅路过此处，当地官员取来波罗峪香山寺"甘露泉"之水泡茶喝，乾隆喝了后赞不绝口："此泉制茶，甘冽无比，沁人心肺！胜过京都玉泉山水，实乃甘露也！"于是提笔挥墨写下"甘露泉"三个大字。传说，现在井上石碑"甘露泉"乃乾隆御笔。经检测，泉水 pH 值为 8.1，呈弱碱性，是较好的饮用水。

不老泉

不老泉位于南部山区仲宫街道波罗峪景区，海拔 332 米。据传，明嘉靖年间，有一名叫"德才"的僧人在波罗峪重建香山寺时找到一个泉眼，并将一棵千年人参根植入泉中。德才等僧人都饮用此水，不知疲倦地自烧青砖，最终建成香山寺。德才将千年人参挖出，取泉水浸泡，为香客滴洒、沐浴，布施给百姓祛病强身，延年益寿。因此，当地百姓称该泉为"不老泉"。

泉水自石洞中流出，出露形态为涌流，四季常流，流入方形小水池。泉池上方刻有小篆"不老泉"三字。之后泉水流向北侧不规则观景水池，泉水溢出池外又流向下方大型景观池。池内荷花、睡莲竞相开放，池边凉亭、长廊、柳树构成一幅优美画卷。秋季红叶满坡，景致更优，

不老泉　董希文摄

涌泉泉群（下册）

不老泉外景观池　董希文摄

　　游人至此，流连忘返。汛期水量较大，泉水流出水池，沿波罗峪流入泉泸河。经检测，泉水 pH 值为 8.1，呈弱碱性，是较好的饮用水源。

　　波罗峪景区峰峦跌宕，林壑优美，松柏常青，泉水叮咚，四季景致各具特色。这里年平均气温较市区低 5℃，空气清新，古木参天，植被覆盖率达 90%，被称为"天然氧吧"。景区名胜古迹众多，古香山寺遗址、老和尚舍利塔、摩崖石刻、三圣佛洞、甘露泉、不老泉等，都有着古老动人的故事，令人心驰神往。而近代的知青村、一清池、二龙潭、三叠湖等也各具特色，情趣万千。

金泉

金泉位于南部山区安仲宫街道波罗峪景区内,海拔352米,因泉水出露处呈金黄色而得名。

泉水自石岩下流出,顺山崖流下形成小瀑布,跌入下方月牙形水池,池长8米,最宽处2.2米,四周长满芦苇。汛期,水量较大,溢出泉池,沿波罗峪流向泉泸河。金泉是波罗峪特有的一处矿泉,经检测,泉水pH值为7.6。泉水中铁、硫黄等成分,在泉水长时间的流淌过程中慢慢沉淀在了山石上,使岩壁呈现出金黄色,形成一道独特景观。泉北侧是"知青村"。1968年,济南市化工厂10多名工人子弟响应党的号召,来到波罗峪。他们种地、栽树、护林,在此度过一段难忘岁月。

金泉　董希文摄

九女泉

九女泉位于南部山区仲宫街道北井村西九女山北侧，海拔 325 米。传说是九天仙女所挖，故名。

此处原来有九个自然水湾，现村民建涵洞式泉池，并将泉掩于地下。涵洞高 1.5 米，长 5 米，宽 1.5 米，留有方形洞口。泉水出露形态为线流，泉水自洞内石缝流出，之后经水管流入泉外 20 米处泉池中。该泉池长 4 米，宽 3 米，深 2 米，水深 2 米，池上有木质框架，顶置玻璃棚盖，泉池四周设有木质栏杆。经检测，泉水 pH 值为 8.1，呈弱碱性，是村民饮用水源。村民又用水管将泉水引至山下一景观池，池边农家乐用泉水烹茶做饭，深受游客青睐。泉周边属贫水区，只有该泉和北侧黄线泉常年流淌，久旱不枯，十分罕见。

九女泉　董希文摄

九女泉

九女泉涵洞式泉池　董希文摄

被玻璃棚盖的九女泉泉池　董希文摄

  九女泉有一个美丽动听的故事。据2017年立在泉边的石碑介绍，大约在500年前，北井村人很少，村里有一位张员外，乐善好施，他借给别人的粮食都是用斗量，但别人还他的时候，随便还多少，他从不用斗量，久之，乡亲就送他一个绰号叫"张不量"。可是，这个名字被上天知晓了，误以为是"张不良"，便决定惩治他。有一天，张不量在树下乘凉，一位大汉推车路过，也在此歇脚，并借故到村里找水，让张不量看管车上的箱子。可大汉回来后，说箱子里的九个罪犯首级不见了，说交不了差，就会被杀头。张不量不忍心大汉受害，便起了怜悯之心，想要帮助大汉，说回家想想办法。张不量有九个聪慧的姑娘，她们听了父亲的讲述后，认为父亲与这事有关联，便自愿献首级来解救大汉。事后，上天为张不量昭雪，并封九姐妹为"九天玉女"，让她们过上了神仙的生活。一日，九姐妹说想回故乡看看，经玉帝恩准，在一个万里无云、鸾翔凤翥之日飘然下凡，来到北井村西遮虎岭上。九姐妹看到她们的家乡人杰地灵，可就是缺水，便各显神通，挖出了九眼泉水。为感念九姐妹，人们便称此泉为"九女泉"，称此山为"九女山"。九女泉的汩汩泉水，几百年来造福于当地乡亲。

黄线泉

　　黄线泉，又叫"皇泉"，位于南部山区仲宫街道北井村西与市中区兴隆村交界的古道路旁，海拔314米。泉水自山坡黄土中渗出，流入小水池，因周边土为黄色，水纹犹如条条黄线，故得名"黄线泉"。传说，当年乾隆皇帝自济南到泰山封禅走东御道，路过此处，因口渴饮用此水，因此此泉又叫"皇泉"。

　　泉水出露形态为线流，泉水自石板下流出，流入长1.5米、宽1.1米、深0.6米的泉池。泉水溢出后入南侧自然水湾，水湾直径10米。经检测，泉水pH值为8.1，呈弱碱性，是村民饮用水源。泉池周边因土层较浅，

黄线泉　董希文摄

黄线泉

汛期黄线泉自然水湾　董希文摄

泉南黑风口古官道　董希文摄

基本没有树木，干旱年份连杂草也寥寥无几，只有泉边生长着的为数不多的植物，使得泉边一片生机。汛期，泉水溢出水湾，流向兴隆河道。

　　泉边是一条石板古官道，据传是历代帝王登泰山所走之道。该道自兴隆村南经黄线泉边至九女山北黑风口到泉泸村，又经泉泸到双井通济桥，然后向东南过外口到锦绣川道沟村，一路全是石板路。石板现在仍大都清晰可见。

涌泉泉群（下册）

二仙泉

二仙泉位于南部山区仲宫街道二仙村东南小河南岸，海拔 157 米。因位于棋盘岭下的二仙村而得名。

二仙泉无泉池，出露形态为涌流，四时不涸。雨季水量颇大，多股泉水自巨石下石罅中涌出。最大一股在最南侧经小溪流向河中，由于泉水湍急，到石崖边蹿出很远，形似牛尾，故又叫"撅尾巴泉"。泉水落下，在青石板上形成一小坑，坑直径 30 厘米，深 20 厘米，可见泉流淌时间之悠久。此处因为有多处泉水，村民在河道上架起一座桥梁，并为桥取名为"汇泉桥"。桥东头北侧有一老井，桥东 30 米处姓侯的家中有一泓泉水自院中涌出，流入二仙河，最终汇

二仙泉　董希文摄

二仙泉

二仙泉景观　董希文摄

入玉符河。二仙河绕村而流,岸边杨柳依依,碧水清流,风光无限。经检测,泉水pH值为7.8,呈弱碱性,是较好的饮用水。

欲知二仙泉之名由来,应当先了解二仙村的由来。相传在元朝,村里有两个小孩,一个叫刘平,一个叫袁照,他们都聪明伶俐,很惹人喜爱。有一天,他俩到棋盘岭去打柴,看见两位白发苍苍的老人正在棋盘岭上下棋,他俩就凑到跟前看了起来。两人看棋着了迷,像做梦一样,没注意到身边的树叶黄了变绿,绿了又变黄……看完这盘棋,只见两位老人朝他俩笑了笑,他俩才想起该回家了。当他俩回到村里时,村里的人已经过了好几代了。村民认为他俩成"仙"了,因此村名就称"二仙村"。泉以村名,为"二仙泉"。至今,棋盘岭上的石棋盘仍清晰可见。

土屋泉

土屋泉位于南部山区仲宫街道土屋村东南二仙河东侧,海拔142米,因在土屋村而得名。

泉池呈井形,井口由水泥砌筑,井深15米,泉眼自井底的西北角石罅中涌出。雨季,泉水水量很大,从井口溢出,经石砌水渠流入外侧二仙河,最终汇入玉符河。水渠留有两口:一处为汲水口,边长1.5米,宽1米;另一口为洗衣洗菜专用,既方便又卫生。经检测,该泉水pH值为8.1,呈弱碱性,是村民饮用水源。

村民刘义林讲:"该井是俺村的荣耀,因为这眼井从来没有干过,而且水质很好。在新中国成立前,遇到旱年周边的村都没有水吃,车推、驴驮地上俺村来打水,天气最旱的时候,十里外大涧沟的人都来打水,因此,俺村的人很有面子,人家都高看一眼。"

土屋泉 董希文摄

郑家泉

郑家泉位于南部山区仲宫街道左而村东古官道旁，海拔139米，因在姓郑的地块而得名。又因泉在卧虎山后头，即"虎尾"位置，故名"虎尾泉"。

该泉无泉池，出露形态为线流，泉水在大堰根石板下分两股流出，流入自然水湾，四季不涸。雨季水量较大，流向玉符河。郑家泉过去是古官道行人歇脚时的饮用水源，现在仍可饮用，也是农业灌溉水源。

泉边为一条古官道，至今有一段石板路保存较为完整，路面由大小不一的石板铺设而成，长500多米，宽2米余。

郑家泉　董希文摄

左而泉

左而泉位于南部山区仲宫街道左而庄村南,海拔156.2米,泉因村名。又因泉在南峪,故又叫"南峪泉"。

泉水出露形态为涌流,自自然水湾中汩汩流出,雨季水量较大,沿山峪流向玉符河。此泉过去是村民饮用水源,现在主要用于农业灌溉。泉水庇荫在卧虎山下杨树林中,此处山峦萦回,树木葱茏,一泓清碧,汩汩流淌。笔者赋诗赞曰:"山深林茂水淙淙,树接荫连翠色浓。泉气清凉无夏日,人来三伏似秋冬。"

左而泉　董希文摄

南泉（白公泉）

南泉（白公泉）位于南部山区仲宫街道左而庄村南卧虎山之阴，海拔130米。为何称"白公泉"，待考。因泉在村南，村民又称之为"南泉"。

明刘敕《历乘》载，白公泉，在开元寺西。明晏璧《济南七十二泉诗》曰："白公当日浚清渠，可灌秋田十顷余。千载齐民沾地利，离离禾黍秀郊墟。"清乾隆《历城县志》载："卧虎山在城南五十里，岱北诸谷之水，至山下始合，故论形胜者以此为'三川之锁钥'，山后有白公泉。"清《济南府志》云："此泉在仲宫卧虎山后，今失考。"根据

南泉（白公泉）　董希文摄

开元寺祖师殿　董希文摄

晏璧诗描述该泉水景物和县志"在仲宫卧虎山后"的说法，经实地考察，今左而村南这泓泉水符合以上关于"白公泉"的描述，而且该泉靠近开元寺，可能是当年寺庙僧侣所用水源。白公疏浚水溪，灌溉千亩良田，蔬茂粮丰，造福黎民。白公是否为开元寺的和尚或乐善好施之人，有待进一步考证。

泉水自石崖缝隙中流出，出露形态为线流，流入一石砌小型水池，又经暗渠流入长6米、宽4米、深3米的水池中。经检测，泉水pH值为8.1，呈弱碱性。泉水清澈甘甜，一直是村民饮用之水，也用于灌溉农田。水盛时溢出池外，汇入二仙河。村委会用管道将泉水引至河对面，并安装了水龙头，方便村民汲水。由于此泉水质好，济南市民常常前来汲水。

卧虎山泉

卧虎山泉位于南部山区仲宫街道崔家村东卧虎山之阴峪沟中，海拔124米，因位于卧虎山下而得名。因此泉位于崔家村，又名"崔家泉"。

泉在大石棚下，三股泉水自页岩缝隙涌出，最东头的泉水自泉眼中流出，沿长满青苔的小坡流下；中间的泉水有几十条水线，自岩棚上像水帘一样落下；西头的泉最为壮观，泉水沿石岩流下汇聚成溪，在石板

卧虎山泉　董希文摄

卧虎山泉周边环境　董希文摄

之上形成小瀑布泻下。雨季水量较大,三股水汇成小河,流向玉符河。泉水旁有一株大柳树,树根长在泉水东头,而树冠向西倾斜,将峪沟全部覆盖。泉水滋润柳树,柳树为泉遮阴,泉、树相得益彰,互依互存。此处泉水潺潺,奔流不绝,真可谓:"林深自有溪开路,谷静优雅泉唱歌。"每逢夏日多雨之时,泉水形成多挂瀑布,远看犹如银河坠地,近看似溅玉飞珠汩汩流淌。由于泉水甘洌,前来汲水者络绎不绝。经检测,泉水 pH 值为 8.0,属弱碱性水。

簸箕泉

簸箕泉位于南部山区仲宫街道朱家村西黄花山南大峪，距离朱家村1.5公里，海拔127米，因泉池形状酷似簸箕而得名。

簸箕泉无泉池，出露形态为涌流，泉水自天然溶洞中流出，入自然水坑，之后沿大峪东流入玉符河。该泉为季节性泉，作灌溉农田之用。经检测，泉水pH值为7.8，呈弱碱性。

簸箕泉　董希文摄

蜜脂泉

蜜脂泉位于南部山区仲宫街道西董家庄西，海拔 99 米，因泉水甘甜而得名。蜜脂泉无泉池，泉水自石堰下石洞中涌出，水量较大，常年涌流。一股泉水沿小水渠流向玉符河，另一股泉水流向泉南侧 15 米处的水湾。水湾呈不规则形，长 15 米，宽 10 米，深 2.2 米。经检测，泉水 pH 值为 7.8，呈弱碱性，主要用于灌溉农田。蜜脂泉在卧虎山水库下游玉符河边，是仲宫海拔最低的泉池。

蜜脂泉　董希文摄

泉城文库

泉水文化丛书
第二辑 雍坚 主编

涌泉泉群
（上册）
董希文 编著

济南出版社

图书在版编目（CIP）数据

涌泉泉群：上下册 / 董希文编著. -- 济南：济南出版社，2024.7. --（泉水文化丛书 / 雍坚主编）.
ISBN 978-7-5488-6604-6

Ⅰ.K928.4

中国国家版本馆CIP数据核字第2024EG8075号

涌泉泉群（上册）
YONGQUAN QUANQUN

董希文　编著

出 版 人　谢金岭
责任编辑　李文展
封面设计　牛　钧

出版发行　济南出版社
地　　址　山东省济南市二环南路1号（250002）
总 编 室　0531-86131715
印　　刷　济南新先锋彩印有限公司
版　　次　2024年7月第1版
印　　次　2024年7月第1次印刷
开　　本　160mm×230mm　16开
印　　张　37
字　　数　460千字
书　　号　ISBN 978-7-5488-6604-6
定　　价　108.00元（上下册）

如有印装质量问题　请与出版社出版部联系调换
电话：0531-86131736

版权所有　盗版必究

总序

文化，源自《周易》中所讲的"观乎人文，以化成天下"。自然形态的泉水，在与人文影响相结合后，才诞生了泉水文化。通过考察济南泉水文化的衍生轨迹，可以看到，泉水本体在历史上经历了从专名到组合名、从组合名到组群名这样一个生发过程。

"泺之会"和"鞌之战"是春秋时期发生于济南的两件知名度最高的大事（尽管"济南"这一地名当时尚未诞生）。非常巧合的是，与这两件大事相伴的，竟然是两个泉水专名的诞生。《春秋》记载，鲁桓公十八年（前694），鲁桓公和齐襄公在"泺"相会。"泺"，源自泺水。而"泺水"，既是河名，又是趵突泉之初名。北魏郦道元在《水经注》中推测，泺水泉源一带即"公会齐侯于泺"的发生地。"鞌之战"发生于鲁成公二年（前589），《左传》记述此战时，首次记载华不注山下有华泉。

东晋十六国时期，第三个泉水专名——"孝水"（后世称"孝感泉"）诞生。南燕地理学家晏谟在《三齐记》中记载："其水平地涌出，为小渠，与四望湖合流入州，历诸廨署，西入泺水。耆老传云，昔有孝子事母，取水远。感此，泉涌出，故名'孝水'。"北魏时期，郦道元在《水经注》中，所记济南泉水专名有6个，分别是泺水、舜井、华泉、西流泉、白野泉和百脉水（百脉泉）。北宋，济南泉水家族扩容，达到30余处。济南文人李格非热爱家乡山水，曾著《历下水记》，将这30余处泉水详加记述，惜未传世。后人仅能从北宋张邦基所著《墨庄漫录》中知其梗概："济南为郡，在历山之阴。水泉清冷，凡三十余所，如舜泉、爆流、金线、真珠、孝感、玉环之类，皆奇。李格非文叔作《历下水记》叙述甚详，文体有法。曾子固诗'爆流'作'趵突'，未知孰是。"

伴随着济南泉水专名的增加，到了金代，济南泉水的组合名终于出场，这就是刻在《名泉碑》上的"七十二泉"。七十二，古为天地阴阳五行之成数，亦用以表示数量众多，如《史记》载"古者封泰山禅梁父者七十二家"、唐诗《梁甫吟》中有"东下齐城七十二"之句。金《名泉碑》未传世至今，所幸元代地理学家于钦在《齐乘》中将泉名全部著录，并加注了泉址，济南七十二泉的第一个版本因此名满天下。金代七十二泉的部分名泉在后世虽有衰败隐没，但"七十二泉"之名不废，至今又产生了三个典型版本，分别是明晏璧《济南七十二泉诗》、清郝植恭《济南七十二泉记》和当代"济南新七十二名泉"。此外，明清时期，还有周绳所录《七十二泉歌》、王钟霖所著《历下七十二泉考》等五个非典型七十二泉版本出现。如果把以上九个版本的"七十二泉"合并同类项，总量有170余泉。从金代至今，只有趵突泉、金线泉等十六泉在各时期都稳居榜单。

俗语云："物以类聚，人以群分。"意为同类的事物经常聚集在一起，志同道合的人往往相聚成群。当济南的泉水达到一定数量时，"泉以群分"的现象就应运而生了。

20世纪40年代末，济南泉水的组群名开始出现。1948年，《地质论评》杂志第13卷刊发国立北洋大学采矿系地质学科学者方鸿慈所著《济南地下水调查及其涌泉机构之判断》一文，首次将济南泉水归纳为四个涌泉群：趵突泉涌泉群（内城外西南角）、黑虎泉涌泉群（内城外东南角）、贤清泉涌泉群（内城外西侧）和北珍珠泉涌泉群（内城大明湖南侧）。

1959年，山东师范学院地理系教师黄春海在《地理学资料》第4期发表《济南泉水》一文，将济南市区泉水划分为趵突泉泉群、黑虎泉泉群、珍珠泉泉群、五龙潭泉群和江家池泉群。同年，黄春海的同事徐本坚在《山东师范学院学报》第4期发表《泰山地区自然地理》一文，提出济南市区诸泉大体可分为四群：趵突泉泉群、黑虎泉泉群、五龙潭泉群、珍珠泉泉群。此种表述虽然已经与后来通行的表述一致，但当时并未固定下来。1959年11月，山东师范学院地理系编著的《济南地理》（徐本坚是此书的参编者之一）一书中对济南四大泉群又按照方位来命名，分别是：城东南泉群、城中心泉群、城西南泉群、城西缘泉群。

通过文献检索可知，济南四大泉群的表述此后还经历了数次变化和反复。譬如，1964年4月，郑亦桥所著《山东名胜古迹·济南》一书中，将济南四大泉群表述为"趵突泉泉群、黑虎泉泉群、珍珠泉泉群和五龙潭泉群"；1965年5月，山东省地质局水文地质观测总站所编《济南泉水》中，将济南四大泉群表述为"趵突泉—白龙湾泉群、黑虎泉泉群、五龙潭—古温泉泉群和王府池泉群"；1966年，油印本《济南一览》一书中，将济南四大泉群表述为"趵突泉泉群、黑虎泉泉群、五龙潭泉群和珍珠泉泉群"，与1959年发表的《泰山地区自然地理》一文所述一致；1986年，山东省地图出版社编印的《济南泉水》中，将四大泉群复称为"趵突泉群、黑虎泉群、五龙潭泉群和珍珠泉群"；1989年，济南市人民政府所编《济南历史文化名城保护规划图集》将济南四大泉群复称为"趵突泉泉群、珍珠泉泉群、五龙潭泉群和黑虎泉泉群"。此后，这一表述才算固定下来。

2004年4月2日，由济南名泉研究会、济南市名泉保护管理办公室组织进行的历时五年的济南新七十二名泉评审结果揭晓，同时还公布了新划出的郊区六大泉群，这样加上市区原有的四大泉群，就有了济南十大泉群的划分，它们是：趵突泉泉群、黑虎泉泉群、珍珠泉泉群、五龙潭泉群、白泉泉群、涌泉泉群、玉河泉泉群、百脉泉泉群、袈裟泉泉群、洪范池泉群。十大泉群的划分，是本着有利于泉水的保护和管理、有利于旅游和开发的原则，依据泉水的地质结构、流域范围，在20平方公里范围内有泉水数目20处以上，且泉水水势好，正常年份能保持常年喷涌，泉水周围有良好的自然环境和历史文化内涵等标准进行的。

2019年1月，国务院批复同意山东省调整济南市、莱芜市行政区划，撤销莱芜市，将其所辖区域划归济南市管辖。伴随着济莱区划调整，新设立的济南市莱芜区和济南市钢城区境内的泉水，加入济南泉水大家族。2020年7月至2021年7月，济南市城乡水务局（济南市泉水保护办公室）再次开展全市范围内的新一轮泉水普查工作。在泉水普查的基础上，邀请业内专家对新发现的500余处泉水逐一进行评审，新增305处泉水为名泉，其中，莱芜区境内有72泉，钢城区境内有30泉。2023年，在《济南市名泉保护总体规划（2023—2035年）》编制过程中，根据泉水出露点分布情况，结合历史人文要素与自然生态条件划定了十二片泉群，即趵突泉泉群、黑虎泉泉群、珍珠泉泉群、五龙潭泉群、白泉泉群、涌泉泉群、百脉泉泉群、玉河泉泉群、袈裟泉泉群、洪范池泉群、吕祖泉泉群及舜泉泉群。其中，吕祖泉泉群（莱芜区境内诸泉）和舜泉泉群（钢城区境内诸泉）为新增。

稍加回望的话，在市区四大泉群之外，济南郊区诸泉群名称的出现，也是有迹可循的。1965年7月，山东省地质局八〇一队李传谟在油印本《鲁中南喀斯特及其水文地质特征的研究》中记载了今章丘区境内的明水镇泉群（包括百脉泉）、绣水村泉群，今长清区境内的长清泉群，今莱芜区境内的郭娘泉群。据2013年《济南泉水志》记载，20世纪80年代后，省市有关部门及高校有关科研人员和学者，对济南辖区内的泉群及其泉域划分形成了各种不同的说法，但济南辖区内有三个泉水集中出露区和七个泉群的说法，为大多数人所认同。三个集中出露区即济南市区（包括东郊、西郊）、章丘区明水、平阴县洪范池一带；七个泉群即趵突泉泉群、黑虎泉泉群、五龙潭泉群、珍珠泉泉群、白泉泉群、明水泉群、平阴泉群。

泉群是泉水出露的一种聚集形式。泉群的划分，则是对泉水分布所作的人为圈定，如根据泉水分布的地理区域集中性、泉水的水文地质条件进行的划分，以及从泉水景观的保护、管理和开发等角度进行的划分。因此，具体到每个泉群内所含的泉水和覆盖范围，亦是"时移事异"的。以珍珠泉泉群为例，1948年，方鸿慈视野中的北珍珠泉涌泉群，仅有"北珍珠泉、太乙泉等8处以上泉水"；1966年油印本《济南一览》中，珍珠泉泉群有珍珠泉等10泉；1981年济南市历下区地名办公室所绘《济南历下区泉水分布图》上，将护城河内老城区中的34泉悉数列入珍珠泉泉群；1997年《济南市志》将珍珠泉泉群区域再度缩小，称"位于旧城中心的曲水亭街、芙蓉街、东更道街、院前街之间"，共有泉池21处（含失迷泉池2处）；2013年《济南泉水志》将珍珠泉泉群的范围扩大至老城区中所有的有泉区域，总量也跃升为济南市区四大泉群之首，计有74处；2021年9月，伴随着"济南市新增305处名泉名录"的公布，护城河以内济南老城区的在册名泉（珍珠泉泉群）达到107处。

当代，记述济南泉水风貌、泉水文化的出版物已有多种，可谓琳琅满目，而本丛书以泉群为单位，对济南市诸泉进行风貌考察、文化挖掘、名称考证，便于读者从泉水群落的角度去考察、关注、研究各泉的来龙去脉。十二大泉群之外散布的名泉，皆附于与其邻近的泉群后一一记述，以成其全。如天桥区散布的名泉附于五龙潭泉群之后，近郊龙洞、玉函山等名泉附于玉河泉泉群之后。

　　值得一提的是，本丛书所关注的济南各泉群诸泉，并不限于当代业已列入济南名泉名录的泉水，还包括各泉群泉域内的三类泉水：一是新恢复的名泉，如珍珠泉泉群中新恢复的明代名泉北芙蓉泉；二是历史上曾经存在、后来湮失的名泉，如趵突泉泉群中的道村泉、通惠泉，白泉泉群中的老母泉、当道泉，吕祖泉泉群中的郭娘泉、星波泉；三是现实存在，但未被列入名泉名录的泉水，这些泉水或偏居一隅，鲜为人知，如玉河泉泉群中的中泉村咋呼泉、鸡跑泉，或季节性出流，难得一见，如袈裟泉泉群中的一口干泉、洪范池泉群中的天半泉。在济南泉水大家族中，它们虽属小众，但往往是体现济南泉水千姿百态的另类注脚。

　　本丛书在编撰过程中参考了《千泉之城——泉城济南名泉谱》等众多当代济南泉水文化出版物，得到了济南市城乡水务局（济南市泉水保护办公室）、济南市勘察测绘研究院、山东省地矿局八〇一水文地质工程地质大队等单位的大力支持，谨此诚致谢忱！

　　亘古以来，济南的泉脉与文脉交相依存，生生不息。济南文化之积淀、历史之渊源，皆与泉水密切相关。期待这套《泉城文库·泉水文化丛书》开启您对济南的寻根探源之旅！

雍坚

2024 年 6 月 10 日

目录

涌泉泉群概述 / 001

涌泉 / 004

醴泉 / 010

崔家泉 / 012

庵子峪泉 / 013

突泉 / 014

水帘泉 / 017

王八湾泉 / 018

凉湾泉 / 019

宝峪泉 / 021

熨斗泉 / 022

风斗泉 / 024

石匣双泉 / 025

石匣东泉 / 026

鹿跑泉 / 027

信泉·念泉 / 029

躬躅古井 / 031

水泉 / 032

蔡家泉 / 035

大峪泉 / 036

感恩泉 / 037

柳荫泉 / 038

泥淤泉 / 040

翠竹泉 / 044

冰冰泉 / 045

苇沟三泉 / 047

洪峪泉 / 049

丰乐泉 / 050

驴腚眼泉 / 051

牛膝泉 / 052

圣龙栖泉 / 053

滴水泉 / 055

神异泉 / 056

泉子峪泉（南薄罗泉） / 058

锡杖泉 / 060

海眼泉 / 062

九眼泉 / 063

于家泉 / 067

泛泉 / 068

青杨峪老泉 / 069

玉水泉 / 070

苦梨泉 / 071

濯衣泉 / 073

龙涎泉 / 074

新龙门泉 / 075

染池泉 / 077

001

青龙泉　/ 079	岱密庵古井　/ 119
马家峪泉　/ 080	西坡泉　/ 120
百沟泉　/ 081	三岔东泉　/ 121
寺通泉　/ 082	三岔山楂泉　/ 122
牛蹄泉　/ 083	里沟泉　/ 124
母泉　/ 084	川道泉　/ 125
观音泉　/ 086	唐家沟南泉　/ 126
石窑泉　/ 087	月亮窝泉　/ 128
龙灯泉　/ 089	独孤泉　/ 130
南园泉　/ 090	江家沟泉　/ 132
杨家沟泉　/ 091	松子峪泉　/ 133
上园子泉　/ 092	长城里泉　/ 134
月亮泉　/ 093	背阴泉　/ 135
老鼠洞泉　/ 094	赵家庄五泉　/ 136
清涌泉　/ 095	观山泉　/ 139
桃科三泉　/ 096	黄路泉　/ 140
涝泉　/ 098	石桥泉　/ 142
金猫泉　/ 099	马家沟三泉　/ 143
枪杆泉　/ 100	清水泉　/ 145
淘米泉　/ 102	桃花源泉　/ 146
水帘洞泉　/ 103	龙王崖泉　/ 147
滴水泉　/ 105	三龙潭　/ 148
药王泉　/ 106	将军泉　/ 150
龙虎泉　/ 108	龙泉　/ 151
公主泉　/ 109	于科东泉　/ 153
苇泉　/ 110	于科泉　/ 154
饮马泉　/ 111	于科南峪泉　/ 155
永乐泉　/ 113	金泉　/ 156
长盛泉　/ 115	车匠泉　/ 157
红沙泉　/ 116	麦穰垛泉　/ 158
山楂泉　/ 117	和尚帽子泉　/ 159
首乌泉　/ 118	罗泉崖泉　/ 160

目录

黄巢泉 / 162

龙珠泉 / 163

葫芦泉 / 164

葫芦东泉 / 165

苗圃泉 / 166

石岗泉 / 167

石崖泉 / 168

香客泉 / 169

康泉 / 170

缎华泉 / 172

圣水泉 / 175

尼姑庵泉 / 176

付家泉 / 177

长征洞泉 / 179

凤凰泉 / 180

大花泉 / 181

里脸子泉 / 182

静心泉 / 184

大峪泉 / 185

恩泽泉 / 186

双龙泉 / 187

咋呼泉（响泉） / 188

试茶泉 / 190

苦苴泉 / 192

琴泉 / 195

避暑泉 / 198

戊圣泉 / 201

歇脚泉 / 202

五亩地泉 / 203

九顶莲花山泉 / 204

安子泉 / 206

长寿泉 / 207

卧龙池 / 208

新龙居泉 / 211

山脉泉 / 212

穆家泉 / 213

幸福山泉 / 214

鸡刨泉 / 215

大虎泉 / 216

王府井 / 217

程家泉 / 218

梨峪泉 / 220

梨峪口西泉 / 221

西老泉官井 / 223

西老泉梨峪泉 / 225

老仙泉 / 226

涝泉 / 229

东老泉 / 231

东老泉官井 / 233

八亩井 / 234

如意泉 / 235

西柳泉 / 236

圣池泉 / 237

官井 / 239

涌清泉 / 241

石锅泉 / 242

西泉子 / 244

孟家泉 / 245

上水泉 / 247

老泉眼 / 249

北池泉 / 251

水池泉 / 252

双虎泉 / 253

杨家井 / 255

天帘泉　/ 256

双泉　/ 258

咋呼泉　/ 259

文泉　/ 261

青龙泉　/ 262

北高圣水泉　/ 263

扫帚泉　/ 264

白花泉　/ 265

旮旯泉　/ 267

高而葫芦泉　/ 268

黑虎泉　/ 270

南高古井　/ 271

双盆泉　/ 272

谢家泉　/ 274

香炉泉　/ 275

五岭泉　/ 277

玉华泉　/ 279

祥云泉　/ 280

云川源泉　/ 282

西邱南泉　/ 284

静鑫泉　/ 286

月牙泉　/ 288

饮鹿泉　/ 290

十八盘桃花泉　/ 292

十八盘古井　/ 294

八仙泉　/ 295

涌泉泉群概述

涌泉泉群是济南诸泉群中泉水出露点最多的泉群，主要分布在南部山区锦绣川、锦阳川、锦云川、玉符河流域，跨仲宫、柳埠、西营三个街道。其中名列金代《名泉碑》的有汝泉（已淹没）、龙门泉、染池泉、悬泉、都泉、独孤泉、苦苣泉、柳泉、车泉、熨斗泉、卧龙池，共11泉。明晏璧《济南七十二泉诗》咏颂的名泉包括朱公泉、白公泉、独孤泉、南甘露泉、龙门泉、鹿跑泉、柳泉、苦苣泉、白花泉、醴泉、龙居泉、都泉、熨斗泉、染池泉、车泉、悬泉、道士泉，共17泉。清郝植恭《济南七十二泉记》著录的有都泉、悬泉、胭脂泉、染池泉、响泉、龙门泉、独孤泉、鹿跑泉、苦苣泉、南叵罗泉、枪杆泉、试茶泉、醴泉、琴泉、琵琶泉、印度泉、锡杖泉、水帘泉、避暑泉、冰冰泉，共20泉之多。2004年被列入济南七十二名泉的有涌泉、突泉、泥淤泉、苦苣泉、避暑泉、缎华泉、大泉、圣水泉等8泉。

关于济南泉水的源头，历来众说纷纭。最早提出南部山区是济南泉水源头并加以考证的是北宋齐州知州曾巩。他在《齐州二堂记》里写道："泰山之北与齐之东南诸谷之水，西北汇于黑水之湾，又西北汇于柏崖之湾，而至于渴马之崖……齐人皆谓尝有弃糠于黑水之湾者，而见之于此。盖泉自渴马之崖，潜流地中，而至此复出也。"为了考证济南泉水的补给源，曾巩曾到南部山区考察，结合"弃糠于黑水之湾，而见之于此"（"黑水之湾"指今卧虎山水库，"此"指今趵突泉）

的说法，得出玉符河水自渴马崖入地，复出为趵突泉的结论。他又根据济南泉水色味相同，作出诸泉同源的判断。元代地理学家于钦在《齐乘》中提出："盖历下众泉，皆岱阴伏流所发，西则趵突为魁，东则百脉为冠。"

现代地质考察研究证明，济南南部山区为泰山北麓，地势南高北低、坡度平缓，相对高差800多米。大气降水渗漏地下，顺沉积岩层倾斜方向北流，至城区遇岩浆侵入体阻挡，承压出露地表，形成泉水。《济南市南部山区保护与发展规划》中确定的泉水涵养区重点渗漏带11处，总面积约25.6平方公里。通过以上分析和考究，涌泉泉群不仅是济南泉水最重要的涵养区，更是济南市区泉水的源头。

天下名山僧占多，寺庵居处多泉水。南部山区名山大川、古刹名泉，引得历代文人墨客、贤达政要游览驻足，赋诗刻铭。高瑾、晏璧、李攀龙、许邦才、谢仟、刘天民、刘亮采、董芸、王初桐等，为南山三川留下诗赋逾百余首。特别是"历下四诗人"之一的许邦才，于明万历六年（1578年）在南泉寺隐居，作《南泉寺记》和《南泉寺》。又如时称"历下三绝"之一的诗人刘天民，在南山秀丽之处吊枝庵隐居读书，并建湖厅与月屋，将多首描写南部山区之泉的诗篇留存于世。

南部山区管委会自2016年7月成立以来，始终把生态文明建设放在首要位置，把泉水保护纳入南部山区发展战略，紧紧围绕"南美"目标任务，积极开展泉水保护工作，成立了南部山区名泉提升保护领导小组，制定了《济南市南部山区名泉保护管理办法》，为做好泉水提升保护工作提供制度保障。2021年，在济南市城乡水务局的大力指导和帮助下，重点提升了突泉、柳荫泉、避暑泉、大泉等40多处名泉景观。对泉池及周边环境进行了全面整治，完善了标识系统，增加了题名石、凉亭、廊架、绿植等泉水文化景观，为全市名泉景观提升改造树立了样板。

2004年4月,由济南名泉研究会、济南市名泉保护管理办公室组织进行的济南新七十二名泉评审结果揭晓,同时还公布了新划出的郊区六大泉群,其中之一便是涌泉泉群。涌泉泉群已查明的泉水出露点有426处之多。2005年,《济南市名泉保护条例》所附"济南市名泉名录"中,共著录名泉645处,其中112处属于涌泉泉群。2021年,《济南市新增305处名泉名录》对社会公布,涌泉泉群又新增名泉56处。为充分展示该泉群千姿百态的泉水风貌,本书除记述在册名泉外,还关注了众多非在册名泉。

涌泉

涌泉位于南部山区柳埠街道神通寺西白虎山之阳的涌泉庵遗址，海拔261米。因泉自石岩裂隙中涌出，且水量较大而得名。

涌泉，清郝植恭《济南七十二泉记》云"曰涌，腾也"。清乾隆《历城县志》载："在神通寺西，瀑布飞悬，流入锦阳川。"民国《续修历城县志》曰："百尺飞流，千樟古木。山光水色，鸟语花香，洵为胜地。"涌泉在2004年评选的济南新七十二泉中名列第49位。以此泉为代表，南部山区锦绣川、锦阳川、锦云川三川流域内的泉水，被列入济南十二大泉群中的涌泉泉群。

涌泉泉池　董希文摄

涌泉泉眼位于白虎山山腰，此处山体以寒武纪石灰岩、页岩为主，表层存有大量沉积物及浅层土壤。由于地壳运动和风化、侵蚀作用，山体的水平节理、垂直节理明显，形成众多裂隙和岩溶。松软的沉积物、土壤及岩石的垂直节理以及茂密的植被，利于降水下渗后形成风化裂隙水和岩溶水等地下水，地下水遇深处坚硬岩石的阻隔沿山崖裂隙流出，通过暗渠自一石雕龙首口中流入民国期间修建的长方形池中。此池称为"净池"，以块石砌垒，长5米，宽4.5米，深2米，四周雕刻精美的石质栏杆。涌泉日平均涌量高达400立方米，经检测，泉水pH值为7.8。池边立有1930年《修涌泉池记》碑，碑载："涌泉源出白虎山麓，其流循涧直下略无渟蓄。己巳，余奉委主办是山林务。翌年春，爰饬工修方池二，以资蓄泄。"由此可知，涌泉古时并无人工的泉池，泉水自山缝中流出后，一路直下，汇入锦阳川。此记载与明万历《建造涌泉桥记》中"二僧常游于此，只有清泉一沼"的记载相吻合。

泉四周有一片北方罕见的竹林，遮天蔽日，葱茏青翠。竹林尽头有望岳亭，置身亭内，极目南眺，平野尽处，层峦叠嶂，白云缭绕，泰岱明灭可见。俯视近端，山下平野开阔，阡陌交错，炊烟袅袅，颇有江南水乡情味。

名泉得名士品题，辉耀水湄，声名益彰；名士得泉水滋润，心神怡悦，翰章飞洒。名人名泉相互映照，实为珠联璧合，美不胜收。明刘天民作《仲冬十四日酌涌泉庵二首》：其一曰"北风飘广泽，来此招提境。瑟瑟槲树鸣，皎皎竹枝静。云磐药茎香，石窦泉珠冷。忽然会凤心，尘襟不堪整"；其二曰"晴云绣层壁，郁郁茅茨庵。上有千章松，下荫百尺潭。界迥遗金粟，亭孤蔓石楠。竭来乘野逸，坐久欲清酣"。由诗中可知，仲冬时节，在这清雅幽静的涌泉庵，"瑟瑟槲树"与"皎皎竹枝"都显示着此处树木的繁盛葱郁，印证了"千章松"与至今尚存的茂密竹

涌泉泉群（上册）

涌泉　董希文摄

涌泉书院　董希文摄

林的记载。刘天民的这两首涌泉诗为涌泉、为南山增添了沉甸甸的文化内涵与历史风韵。现代山东兰竹画院院长娄本鹤先生也作《新七十二泉诗》："古风禅意水声喧，万竹滋荣吐翠烟。百尺飞流三跌落，盘桓归入锦阳川。"

涌泉三面环山，竹影婆娑，泉水汩汩，山清水秀，别有洞天，一年四季，景致不同，形成"净池虎啸、万竹滋荣、泉涌南山、溪水长流、古桥琴韵、青龙卧潭、锦上添花、飞瀑三叠、书院流觞、悬崖冰瀑"等10处各具特色的景观。

在涌泉下方 50 米处，一泓泉水自石岩缝隙涌出，经常有市民前来汲水。涌泉东 150 米处有圣龙栖泉，泉水自一石雕巨龙口中涌出，之后与涌泉汇合流入锦阳川。涌泉西有涌泉庵，清乾隆《历城县志·古迹考》

云："涌泉庵，明段雄《重修记》：稽其所自，乃于大隋开皇重修。（据碑）涌泉庵。在柳埠东，百尺飞流，千章古木。沧溟有诗。"明李攀龙《涌泉庵》诗云："锦阳川上女僧家，红树萧萧白日斜。弟子如云人不见，可怜秋老玉莲花。"

明弘治初年，涌泉庵几于倾颓。正德九年至十二年（1514～1517年），尼姑明喜（山东利津人）于旧址上重起大殿，左有伽蓝殿，右有祖师殿，前有石塔，后有方丈，山门耸立，殿宇森严。庵前有一形制古朴的小石桥，名为"通圣桥"。庵东150米有古送衣塔，泉东神通寺有滴水泉。隋朝正德年间，在涌泉边发生了一则当地流传的"滴水之恩，涌泉相报"的故事。有位历城县令因不满官场黑暗，挂冠而去，来到四门塔神通寺出家为僧。刚来神通寺时，他在寺旁刨地时挖出一泉，泉水因出水量不大，但常年滴水不断，故名"滴水泉"，滴水泉便成为寺内饮用水源之一。

当代复建的涌泉庵　董希文摄

涌泉

送衣塔 董希文摄

其女因牵挂父亲，也追随而来，在神通寺西涌泉旁尼姑庵落发为尼，法号"明喜"。明喜用涌泉水为父亲洗衣，将洗好的衣服放在泉边送衣塔，待父亲来取。后明喜父亲圆寂，徒弟们问明喜这么多年精心照料父亲的缘由时，明喜说："父亲的养育之恩就像滴水泉那样，涓涓细流，持续不断。作为子女，应像涌泉出水那样，一生相报。"如今，送衣塔、涌泉庵依然静静地陪伴着涌泉、滴水泉，讲述着明喜报恩的故事，代代相传。

醴泉

醴泉位于南部山区仲宫街道并渡口村东太甲山之阳的醴泉寺遗址内。泉水常年不涸，甘美如醴，故名。

泉水出露形态为渗流，自石罅中缓缓流出，入小方形水池，之后流向下方蓄水池。经检测，泉水为优质弱碱饮用水，旧时为村民饮用水源。现在泉水出露处安有小型拱门，泉池用水泥板封闭，村民只能到下方蓄水池汲水。

醴泉在明崇祯、清乾隆《历城县志》和清康熙、道光《济南府志》中均有记载。不过，历代文献所载醴泉并非一址。金《名泉碑》和元《齐乘》

醴泉　董希文摄

醴泉

醴泉寺遗址　董希文摄

均称醴泉在簧堂岭（今章丘、邹平交界处）。清康熙《济南府志》载："醴泉，四合寺内。"清道光《济南府志》载："旧志因其太远，故将此康王山之醴泉易之。"明晏璧《济南七十二泉诗》赞曰："九成曾刻醴泉名，历下泉如竹叶清。山水之间有真乐，何须留连醉翁亭。"晏璧明确了醴泉在历下，泉水在青山绿水、碧树青竹之间更加灵秀。既然在这里可找到真正的快乐，何必去醉翁亭？清郝植恭《济南七十二泉记》载："曰醴，酒之甘也。"

泉上太甲山，高峻峭拔，松柏蓊郁。泉下旧有醴泉寺（又称"四合寺"），该寺依山傍水，林木清幽，寺内原有大雄宝殿等建筑。醴泉寺至清末即已荒废，僧人散去，殿宇倾圮。今醴泉寺遗址上能看到的仅剩无梁式山门残址和尚存的明嘉靖四十一年（1562）《重修醴泉寺记》碑一通。碑文记载："醴泉（寺），历之名寺也，其寺依山带河，环以峻岭，中有甘泉，寺之得名，盖取山中出泉之义，诚为殊胜。四阿环以廊底，凡正殿、月台、佛像、地藏阁，无不金碧辉煌，烂然掩映。"

崔家泉

崔家泉位于南部山区仲宫街道小并渡口村北，康王顶（太甲山）下，海拔 204 米。旧时，因泉处在崔姓地中而得名，现在涵洞口上方刻有"龙泉"二字，故又称"龙泉"。

泉水自崖下红页岩中流出，出露形态为渗流，经石渠汇入 20 米长、12 米宽的石砌蓄水池内，再经输水管道自流入户，供小并渡口村村民饮用。泉水常年不竭，雨季水盛，溢出池岸，漫流山下，入卧虎山水库。池边一株大柳树，婀娜多姿。池上有观景平台，卧虎山水库尽收眼底。

崔家泉　董希文摄

庵子峪泉

庵子峪泉位于南部山区仲宫街道门牙村东北庵子峪内南山坡，海拔257米，因泉在庵子峪而得名。

泉水出露形态为线流，自两块大青石下流出，入自然水湾，浮金溅玉，美如珠玑，水量不大，四季常流。庵子峪因早年有一姑子庵而得名，该泉当年系姑子庵饮用水源。现在村民用水管将泉引入山下饮用，或用于农业灌溉。经检测，泉水pH值为8.1，呈弱碱性。有村民为保护泉池，在泉眼外沿盖起小石屋，还在门口挂上门帘，其爱泉、护泉之举令人敬佩。

庵子峪泉及泉上小石屋　董希文摄

涌泉泉群（上册）

突泉

突泉位于南部山区柳埠街道突泉村内，海拔173米。因泉水势旺盛，涌出后呈凸起状，故以其形称之"突泉"。又因清郝植恭《济南七十二泉记》云"都泉，在中宫东，为岱北诸泉之总聚也，水之所聚，曰'都'"，故突泉又名"都泉"。

突泉（都泉），系古代名泉。金《名泉碑》载："都泉，中宫东南。"元代诗人朱倬《遁斋诗稿》中有《都泉诗》曰："柳埠人家近市廛，稻池林壑太幽偏。最是都泉好风景，山花如绣锦阳川。"明晏璧《济

突泉　董希文摄

突泉

皇姑庵塔被保护其中　董希文摄

南七十二泉诗》云:"遥望中宫廿里余,清泉都汇崿山湖。齐城大旱作霖雨,一滴能苏万物枯。"清乾隆《历城县志》载:"都泉,在中宫东南皇姑寺,溪抱村流,为岱北诸泉之总。"清聂剑光《泰山道里记》载:"熨斗泉东北流,北六里有都泉,为岱北诸泉之总。"历代多次记载都泉为"岱北诸泉之总",可能是因为其水量大的原因。据村民讲,盛水期泉水日流量可达数万立方米,常年平均日流量5000多立方米,形成一条小河,沿大街水渠滚滚向西流去,到并渡口村入锦阳川,全长3.8公里。2004年,突泉入选济南新七十二名泉。山东兰竹画院院长娄本鹤先生为此泉赋诗一首:"春山屏列送馨香,地迸甘泉水碧凉。渠绕溪回风景好,浣衣村妇满街坊。"

泉边旧有唐代所建皇姑庵之遗址,庵内石塔俗称"小唐塔"。塔为方形密檐式,3米多高,塔身满布浮雕,1972年移至柳埠神通寺遗址东侧。皇姑庵遗址现尚有横卧的石质八棱经幢两块,经幢刻有文字,但大多不

突泉穿街水渠　董希文摄

可辨认,其中一块上刻"唐开元七年岁次"字样。

泉池为正方井形,井口呈圆形,直径 1 米,井深 5 米。泉水经井壁石洞沿暗渠向东,再折向南流,至街旁注入明渠西流,形成溪抱渠绕之势,最后汇入锦阳川。溪水两旁杨柳垂荫,小桥人家,一派江南水乡景象。泉水不仅供全村饮用,还能浇灌农田,所以村民誉其为"宝泉"。2021 年,泉池环境得到提升改造,井口用墨色花岗岩石雕成圆鼓形,井边设题名石和简介牌,还增加了绿植和石桌、石凳,方便游人休息品茗。

水帘泉

水帘泉位于南部山区柳埠街道突泉村西南,省道 103 线南侧锦阳川河畔崖下,海拔 166 米,因泉水所在地为水帘坡而得名。

水帘泉自石罅中涌流而出,清凉甘美,临河汇为长 3 米、宽 2 米的自然水湾。此泉水势很好,大旱季节仍涌流不息,入锦阳川。

水帘泉历史悠久,明崇祯、清乾隆《历城县志》和清道光《济南府志》俱载,称:"在都泉西南石崖下,一名水帘坡。锦阳地多渗漏,非此水助流将不免为干壑矣!"清郝植恭《济南七十二泉记》云:"水悬流而如帘也,曰水帘。"清代诗人永恩写有《水帘泉》诗一首:"众峰叠出野云飞,一道清泉下翠微。隔岭水声喧怪石,随山万转映斜晖。"

水帘泉　董希文摄

王八湾泉

王八湾泉位于南部山区柳埠街道突泉村南锦阳川河道南石崖下，海拔176米，因泉水所在地叫"王八湾"而得名。

泉水自石崖下石罅中涌流而出，清凉甘美，临河汇为长1.5米、宽1米自然水湾。此泉水势很好，大旱季节仍涌流不息，入锦阳川。经检测，泉水pH值为7.6。

王八湾泉　董希文摄

凉湾泉

凉湾泉位于南部山区柳埠街道突泉村西南锦阳川河道南岸崖下，因水质清凉甘美而得名。此泉是网红泉水取水点，前来汲水者络绎不绝。

2021年以来，济南市城乡水务局与文旅局规划提升了凉湾泉景观，增加了假山、题名石、绿植，并铺设泉边路面，使泉池更具有观赏性和实用性。

泉池呈石砌长方形，长8米，宽4.5米，深1.5米。泉水自池南崖根东西两头石罅中涌流而出，汇入水池。泉水清澈见底，寒气袭人，水量

凉湾泉　董希文摄

凉湾泉泉池　董希文摄

较大，平均日出水量达 5000 余立方米，四季涌流，入锦阳川。经检测，泉水 pH 值为 7.6。水温常年保持在 15～17℃，盛夏季节伸手入水也感觉冰冷刺骨。凉湾泉成为城乡居民夏季消暑纳凉的好去处。传说，凉湾泉与铜壁山子房洞相连，有人在子房洞放入麦糠，麦糠在凉湾泉清晰可见。

  凉湾泉还流传着一个美丽的故事。相传，黄巢率兵与官兵拼杀至凉湾泉时，人困马乏，饥渴难耐。一位伤势很重、奄奄一息的士兵，喝了冰凉的凉湾泉水后，竟然奇迹般地活了过来，并很快恢复了体力。将士们争相痛饮凉湾泉水后，个个神清气爽，力量陡增。黄巢听闻也赶来捧饮泉水，连称此泉为"神泉"。

宝峪泉

宝峪泉位于南部山区柳埠街道宝峪村，海拔 229 米。

泉池呈长方形，长 16 米，宽 6 米，深 3 米，水位 1.5 米。泉水在池内东北角石岩下流出，出露形态为渗流，四季常流不息，为村民饮用和农业灌溉水源。经检测，泉水 pH 值为 7.8。

泉池原为自然水湾，为保护泉水和村民安全，村"两委"筹资对泉池用料石进行修缮，为防止塌陷，将东墙加高，并在池沿安装护栏。泉南侧的休闲小广场，为人们观泉、休闲提供了便利。

宝峪村地处山沟，石多土少。顽强的宝峪人发扬愚公精神，凿山填土，在一座山梁上造出百亩良田。这里生产的小米被评为"济南市金牌小米"，畅销全国各地。

宝峪泉　董希文摄

熨斗泉

熨斗泉位于南部山区柳埠街道石匣村西子房庵遗址西,海拔275米,传说因其水温高如熨斗而得名。

泉池呈井形,上窄下阔,井深5米余,水盛不溢,干旱不涸。井口0.4米见方,由四块青石砌成,略高于地面。2022年村民重新打造井口,并建四柱凉亭于井上。

关于此泉的地址,金《名泉碑》载:"曰熨斗,在梨峪门家庄。"元于钦《齐乘》亦称:"熨斗泉,在梨峪门家庄。"因时代久远,门家

熨斗泉泉井口旧貌　董希文摄

子房墓、尹宗墓、黄石公墓呈"品"字形排列　董希文摄

庄今为何村已不详。因该泉距离门牙庄仅 2.8 公里，门家庄是否门牙庄，或石匣村曾叫"门家庄"，待考。明崇祯、清乾隆《历城县志》和清道光《济南府志》载："在扶山子房庵。"明晏璧《济南七十二泉诗》曰："泉如熨斗气温温，龙洞分来第一源。欲识坎离交媾意，请参道德五千言。"清马国翰《僦居熨斗隅》诗曰："权为养疴计，居依熨斗泉。旧书盈架插，新茗对炉煎。水冷芙蓉港，花开雾凇天。闭门闲岁月，遮莫谢尘缘。"

泉东 150 米处峪沟内有石匣水库，水库于 20 世纪 60 年代始建，2012 年重修加固，蓄水量 8000 立方米，为农林灌溉发挥了很大的作用。泉东 20 米处为子房庵遗址。子房庵曾盛极一时，现仅存残墙断壁。

熨斗泉又东 100 米现存三座墓葬，呈"品"字形排列。中间的一座为黄石公墓，东侧是子房墓，西侧是尹宗墓。墓旁立有金代《泰山元阳子张先生坐化纪碑》，据此可知，三墓主人当为后人附会。

风斗泉

风斗泉位于南部山区柳埠街道石匣村西子房庵遗址,海拔 275 米,因在泉风窦岭下,又名"风窦泉"。

泉池在石堰根,呈井形,原由青石乱砌,井口有巨石封盖,留 30 厘米见方取水口。2022 年南部山区管委会在济南市城乡水务局的帮助下,对泉口环境进行了提升。井口现呈长方形,由四块花岗岩石砌成,井深约 2 米,常年不涸,水盛时泉水溢出井外,经脱壳河蜿蜒流入石匣水库,之后入锦阳川。经检测,泉水 pH 值为 7.76。泉北侧 3 米处,有一株古柏树,苍翠葱茏,约 15 米高。泉北侧 10 米处为熨斗泉。泉北 20 米处为子房庵遗址。泉四周绿树成荫,果香四溢,溪水潺潺,野趣甚浓。石匣村是古老的石头村,现被列为特色古村落,予以保护。

风斗泉　董希文摄

石匣双泉

石匣双泉位于南部山区柳埠街道石匣古村落南攥头山下，海拔316米，因泉有东西相对两泓而得名。

石匣双泉，也称"南泉"，有两眼泉井，两泉井相距6米。西泉自大堰之下石缝隙中缓缓流出，出露形态为渗流，入直径1.3米的椭圆形泉井。井口由五块青石组成，呈长方形，长1.3米，宽0.6米，井深3米。东泉在西泉东6米处山坡根，泉水自石缝隙中潺潺流出，出露形态为渗流，入直径1.2米、深2.8米的泉井。井口由四块青石板组成，呈不规则方形。两泉井均为乱石砌垒。泉井内均有水泵及水管将井水提至村民家中供生活所用。

石匣双泉　董希文摄

石匣东泉

石匣东泉位于南部山区柳埠街道石匣古村大东岭山大堰下，海拔303米，因在石匣村东而得名。

泉水自石缝隙缓缓流出，出露形态为线流，入长1.1米、宽0.4米的泉池，之后流入外侧芦苇湿地，最终汇入锦阳川。泉水四时不涸，过去是村民饮用水源，现主要用于农业灌溉。

被誉为"活化石"的珍珠油杏生长在泉池周边。近年来，珍珠油杏采摘节每年都会在石匣古村举行，吸引大量市民前来采摘、观光游览，使这个偏僻的小山村成了网红打卡地。

石匣东泉　董希文摄

鹿跑泉

鹿跑泉位于南部山区柳埠街道鹿跑泉村西，海拔263米，因古时有鹿至此，口渴欲饮，刨地而成泉，故名。因谐音，此泉又称"鹿宝泉""鹿趵泉"。

鹿跑泉，三面环山，其地质结构是以灰岩、页岩为主的沉积岩山体，层理结构明显，松散的沉积层和浅层土壤覆盖山体表层。受地壳运动和风化、侵蚀作用的影响，山体形成众多裂隙。松散的沉积物、土壤及岩石的裂隙，加之古柏苍劲、植被茂密，降水下渗后形成风化裂隙水和岩溶水等地下水，由于深处岩石坚硬、透水性差，地下水受重力作用沿岩层自石岩下

鹿跑泉泉眼　董希文摄

鹿跑泉　董希文摄

多处石罅中流出。有的如珍珠滴落，有的似丝线细纱，一年四季常流不息，汇入1965年修筑的鹿跑泉水库。水库水面面积4000平方米，水深约3米，倒映水中的山影、树影，宛然如画。鹿跑泉泉水甘美，经检测，泉水pH值为7.8，除供村民饮用外，还有农业灌溉之利。当地有"喝过鹿跑泉水交好运"之说。

鹿跑泉为济南历史名泉，被列入明、清两代济南七十二泉名录。明晏璧《济南七十二泉诗》曰："泉声清似鹿呦呦，逝者如斯日夜流。灵囿料应非宿昔，蘼芜杜若满沧州。"明崇祯《历城县志》载："鹿跑泉，都泉东北。"其位置与今鹿跑泉位置相合。

信泉·念泉

信泉、念泉位于南部山区柳埠街道鹿跑泉村西路东边，海拔262米。为纪念为鹿跑泉村发展作出贡献，坚定信念跟党走，带领村民走上小康之路的人们，村中将两眼泉井命名为"信泉"和"念泉"。

信泉泉池呈井形，井深1.5米，水位1米，井口为石砌方形，长、宽皆0.4米。泉水自井下石罅中流出，出露形态为渗流，四季常流不息，为村民饮用水源。经检测，泉水pH值为7.8。井边立"信泉"石碑。

念泉泉池为方形井池，井深1.5米，水位1米，井沿由花岗岩石砌就，井口边长0.5米。泉水自井下多处石罅中

信泉　董希文摄

念泉　董希文摄

流出，出露形态为渗流，四季常流不息，为村民饮用水源。经检测，泉水 pH 值为 7.8，为优质饮用水。井边立"念泉"石刻，并立有著名作家、文学博士刘宏先生撰写的《鹿跑泉之念泉》诗刻："忆昔泉响鹿呦呦，三山环绕出伏流。满目苍翠几欲滴，登高望岱志未休。坳中忽现东篱舍，坐看斜阳下西丘。甘泉泽被鹿化缘，一人一心孺子牛。"

躬蹈古井

躬蹈古井位于南部山区柳埠街道田家庄村口，海拔208米。躬蹈，意为亲身履行，出自明张居正《辛未进士题名记》："默识躬蹈之士，倜傥非常之人。"因泉井景观由村"两委"亲手打造，故此泉名为"躬蹈古井"。

躬蹈古井由乱石砌就，井口由圆形花岗石凿成，直径0.87米，井深10米，水位3米。泉水自井下西南方向流出，水量稳定，旱时不竭，涝时不溢。经检测，泉水pH值为7.6。井内有10多根水管将泉水提至村民家中，供村民生活所用。据村民田法芝老先生讲，过去大旱之年，周边村村民都前来打水，泉水救过好多人的命。泉上有水榭围护井池，榭上有匾额，上书"躬蹈古井"四字。井口有铁质井盖，井旁有石刻载：公元2002年3月修建。泉井东侧有石碾一盘，石碾与古井相得益彰。

躬蹈古井井口　董希文摄

水泉

水泉位于南部山区柳埠街道水泉村中部，海拔258米，因泉水量大且常年不断而得名。

水泉自崖下石罅中汨汨涌出，共三个泉眼。泉水四季不涸，出水量基本稳定。此崖高约30米，伟岸陡峭，翠柏悬生。水涌出后先积于一圆形天然浅池，后流入长9.8米、宽3.5米的地下蓄水池。水池上部用料石砌垒，安装雕刻精美的石栏杆，并立水泉简介石刻一方。水泉清澈甘甜，是村民主要饮用水源。经检测，泉水pH值为8.0，属优质活性弱碱水。

除水泉外，村西沿峪沟由上而下还有瓮泉、咋呼泉、三花泉、黑虎泉、牛鼻泉、青年泉等六泉。20世纪70年代末大旱，村中有志青年自发组织起来，在村西找到一泉，并修建了水池，解决

水泉　董希文摄

水泉

水泉石桥　董希文摄

掩埋在地下的瓮泉　董希文摄

咋呼泉　董希文摄

三花泉　董希文摄

黑虎泉　董希文摄

牛鼻泉　董希文摄

青年池　董希文摄

了村民吃水问题，村民为表彰这些青年，将他们挖出的泉水命名为"青年泉"，把他们修建的水池叫"青年池"。

一条小河穿村而过，房舍坐落于河两岸，村内泉井六七泓，大小石桥10余座，其中早年建的几座三孔、两孔石桥，虽历经沧桑，仍坚固如初。

蔡家泉

蔡家泉位于南部山区柳埠街道蔡家庄东 800 米处木鱼石崖下,海拔 310 米。因泉在蔡家庄而得名,又因泉在大寨山(当地人称"大顶子山")山下一个叫泉子岭的地方,故又名"泉子岭泉"。

泉水自石罅中流出,出露形态为线流,经暗渠流入石砌长方形水池中。水池长 14 米,宽 6 米,深 2 米。盛水季节,泉水顺山势流入阎家河,汇入锦阳川。经检测,泉水 pH 值为 8.0,是村民生活、生产主要水源。为方便村民用水,2015 年村民用水管将泉水引至村头一长 6 米、宽 5 米、深 1.5 米的蓄水池,池沿安装有铁质栏杆。

据村党支部书记张后文介绍,全村现在已吃上自来水,但仍有很多村民吃该泉水,并常有市民前来汲水。

蔡家泉泉池　董希文摄

大峪泉

大峪泉位于南部山区柳埠街道刘家村东300米处木鱼石崖下,海拔298米。因泉在关山下一个叫大峪的地方,故名"大峪泉"。

泉水自石罅中流出,出露形态为涌流,常年不涸。泉水经水管流入直径5米的石砌圆形水池中,之后流入北侧长30米、宽12米、深3.5米的大水池。水池北头的一棵老核桃树遮蔽水池大半,南头的迎客松似乎是向来人致意。水池东南角有一棵高大的杨树,树高达20余米,树围达3米。盛水季节,泉水顺山沟流入阎家河,后汇入锦阳川。

据村党支部书记赵庆林介绍,在未修水池前,泉眼处为一自然水湾,泉水清澈甘洌,周边的十几户居民都吃这个泉水,出了好几位百岁老人,因此村民称该泉为"长寿泉"。

大峪泉泉池　董希文摄

感恩泉

感恩泉位于南部山区柳埠街道阎家河村内路边阎家河南岸，泉眼在村南阎家河水库北约 335 米处的山崖下，原为无名泉，村党支部将泉水引至村中，方便村民用水，村民为感激党恩，故称之为"感恩泉"。

泉水自石缝流出，常年不竭。泉池为石砌长方形，长 6 米，宽 3 米。泉池北侧建有抽水管护房，内设提水设备，可将水提至山上水池用于灌溉农田。泉东即阎家河，树木成林，植被丰茂。水盛时漫出池口沿阎家河汇入锦阳川。

村党支部带领村民将泉水引至村中路边水池内，水池北侧留有出水口，既方便村民提水，又方便村民濯衣洗菜。池边立有"感恩泉"题石一方。

感恩泉出水口　董希文摄

柳荫泉

柳荫泉位于南部山区柳埠街道吴家村南首,海拔 328 米,因泉池在大柳树的庇荫下而得名。又因泉在吴家梨峪,故柳荫泉又名"梨峪泉"。

泉水自岩石罅中涌出,经过暗渠流入石砌长方形泉池中。泉池长 4 米,宽 3 米,深 1.5 米。出水口处长满柳树根、青苔、水草,如海底世界一般。泉水经出水口跌入长 2 米、宽 1.2 米的浅池之后,又流入一大水池,该水池长 16 米,宽 15 米,深 4 米。盛水季节,泉水顺山势流入阎家河,后汇入锦阳川。

柳荫泉泉下泉眼　董希文摄

柳荫泉

柳荫泉泉池　董希文摄

2021年4月济南泉水普查时，村民张德军介绍，全村人大都吃这个泉的水，泉水甘甜。因为有柳荫泉在山脚下，所以这座山叫"泉子山"。

2021年，在市城乡水务局的大力支持下，柳荫泉泉池及周边环境得到了全面整治，景观得到了提升。题名石、绿植、通天凉亭等泉水景观的增设，使柳荫泉更加实用、亮丽。

泥淤泉

泥淤泉位于南部山区柳埠街道西南 7.5 公里处的泥淤泉东村内，海拔 325.1 米。因泉常被泥沙淤塞，曾多次开挖而复涌，故称"泥淤泉"。又传说是印度九位高僧挖出该泉，故又名"印度泉"。

泥淤泉系古名泉，是济南新七十二名泉之一。自明崇祯年间到清末，历代文献都称其为"印度泉"，至民国改称"泥淤泉"。明崇祯、清乾隆《历城县志》均载："阎家河，在梨峪中，源出印度泉，流入锦阳川。"清郝植恭《济南七十二泉记》云："曰印度，初禅之地。"清道光《济南府志》载："印度泉，在梨峪庞家庄。"民国《续修历城县志》载："终宫乡仙台六泥淤泉。"山东兰竹画院院长娄本鹤先生为此泉撰诗一首："古槐千载傍泉生，铁杆铜枝拥碧泓。人道地深通海底，夜闻地下浪涛声。"

泉池为石砌方形井，泉井有三眼，呈"品"字形排开。主泉居东，深 10 米，底部向北有洞穴深不可测，传说与海底相通，故又称"海眼"。泉水水质甘洌，水势极佳，四季喷涌不已。经检测，泉水 pH 值为 7.6。泉水自池壁方孔涌出。泉水涌出后分两股流向阎家河，入锦阳川。一股流向北，一股流向西，弯弯曲曲穿街过巷，到处可见落差跌水和门口石桥，一派小桥流水人家的江南景象。村民们用泉水洗衣、做饭、做粉皮、浇灌田园，尽得其乐。从井沿上被井绳拉出的凹痕就可以看出这口井的岁月久远。泉边一株千年古槐，虽树干历经火烧、腐朽呈空心状，但顽强的新枝葱茏茂密，生机盎然。

泥淤泉

泥淤泉三眼泉井呈"品"字形排开　董希文摄

涌泉泉群（上册）

泥淤泉西出口　董希文摄

泥淤泉东出口　董希文摄

泥淤泉

据村里的白永昌老人讲,古代这个村叫"印度泉村"。传说在唐朝末年,从印度来了九位高僧,他们见这里山清水秀,便住下来讲经传法。没想到,此地连续三年大旱,庄稼树木全部枯死,不少村民背井离乡。九位高僧看到这种情景十分难受,决心要挖井拯救这里的百姓。察看好了水源后,他们日夜挖井,但是屡屡挖出的泉水很快就被泥土淤死,老百姓仍然吃不上水。九位高僧不甘心,坚持日夜掘井,但因吃

泥淤泉北出口　董希文摄

得少又无水喝,九位高僧相继累死。在第九位高僧累死后,一股清泉汩汩流出,老百姓得救了,庄稼复活了,树木也冒出了新芽,外出的村民陆续返回故里。村民含泪在泉边掩埋了高僧的尸体,为他们举行了盛大的葬礼。为纪念九位高僧,泉被命名为"印度泉",村就叫"印度泉村"。这九位高僧的坐骑大象久久守候在泉边,不肯离去,久之,竟化作山岭守护在泉旁,与主人常年相守。为了纪念神象,人们就把村东这座山取名为"卧象山"。

翠竹泉

翠竹泉位于南部山区柳埠街道冬冻台村，海拔615米，因泉四周翠竹成林而得名。

翠竹泉　董希文摄

泉池在石崖根，呈自然水湾，乱石砌垒，井口直径0.6米，池深0.5米，庇荫在翠竹林之下。泉水清澈见底，常年不涸，水盛时溢出井外，经柴家河蜿蜒流入山下一塘坝，之后汇入锦阳川。经检测，泉水pH值为8.06，是冬冻台村村民饮用水源。泉边竹林苍翠葱茏，空气清新，环境幽雅。诗圣杜甫的"修竹不受暑，交流空涌波"似乎写的就是此地。

冰冰泉

冰冰泉位于南部山区柳埠街道柴家庄冬冻台村南秋千台（亦称"青阳台""冰冰台"）山阴，海拔 655 米，因在高山背阴处长期结冰而得名。

泉水出露形态为渗流，常年不竭。泉水自石罅中流出，水激乱石，哗哗作响，水花在太阳光下五颜六色。泉水顺山势蜿蜒流入长 0.8 米、宽 0.7 米的小水池中，再沿三个溢水口流出，泻入峡谷，后随山溪向北经柴家庄、

冰冰泉　董希文摄

泉下冰川　董希文摄

阎家河北流入锦阳川。冰冰泉是济南市最寒冷的泉，此处的岩石类型主要为石灰岩和木鱼石，因此泉水水质优良。

明崇祯、清乾隆《历城县志》和清道光《济南府志》俱载："冰冰泉，在秋千台，为周围最高山。山高阴寒，冰积如陵，故亦名冰冰台……其冰，立夏始解。"清聂剑光《泰山道里记》载："在岱阴秋千台，山高阴寒，冰积如陵，故亦名冰冰台。相传岱北有顽冰，即此。其冰，立夏始解。"清郝植恭《济南七十二泉记》云："曰冰冰，凝阴之所结也。"

据住在冬冻台村的一位姓胡的老人讲，此处一入冬就结冰，有冰时间长达三四个月，到来年三月才化完，孩子常坐着蒲毯子（用玉米皮编制的坐垫）在上面滑冰。

苇沟三泉

苇沟三泉位于南部山区柳埠街道苇沟村南山沟内。因此处三泓泉水均没有名称，故统称为"苇沟三泉"。

一泉，在村南山沟内，海拔531米。泉池为长方形地下水池，由乱石砌垒，长1.2米，宽0.8米，由水泥板覆盖，内有水管引泉至山下。二泉，在一泉南20米处，海拔547米。泉为自然水湾，泉边长满芦苇。三泉，在一泉南50米处，海拔571米。泉池为地下长方形水池，池上留方形取水口。泉水经山沟流入苇沟水库，后汇入锦阳川。

一泉　董希文摄

三泉　董希文摄

二泉　董希文摄

苇沟塘坝瀑布　董希文摄

洪峪泉

洪峪泉位于南部山区柳埠街道投石峪村南洪峪岭山腰，海拔362米，因在洪峪岭而得名。

泉水有两股，分别自岩石缝隙流出，汇入小水池。小水池原来为自然水湾，由投石峪村刘强等8名共青团员自费修建成现在的石砌砼制水池，村民称之为"青年池"。池长2米，宽1.2米，深1米。泉水自水池流出，经山溪入锦阳川。水池内有水管将泉水引至下方20米处蓄水池，蓄水池长15米，宽10米，深4米。泉水清澈，四季常流。经检测，泉水pH值为8.0，是村民饮用水源，还可以灌溉300亩良田。泉边两株百年青杨树，苍劲挺拔，郁郁葱葱。泉上洪峪岭遍布翠柏、黄栌等树，秋季红绿相间，风景如画。

洪峪泉　董希文摄

泉下蓄水池　董希文摄

丰乐泉

丰乐泉位于南部山区柳埠街道柳埠东村,通往四门塔公路西侧大王庙院内,海拔 208 米。何时何故取名"丰乐泉",待考。

丰乐泉　董希文摄

泉水自山崖下石罅中流出,入长方井形小池,池长 1.5 米,宽 0.6 米,而后自底部小孔流入长 6 米、宽 4 米的水池,又在东南角通过石板桥经小溪流出小院,后沿暗渠汇入锦阳川。该泉为季节性泉,雨季开泉。泉西侧石崖高 6.5 米,崖壁刻有"丰乐泉"三字,石崖上古柏倒悬。泉北有大王庙,房屋三间。泉上南侧为天齐庙。

驴腚眼泉

驴腚眼泉位于南部山区柳埠街道柳埠东村东北，海拔 214 米。因泉在金驴山尾部山根，故得此名。

金驴山即金牛山，当地村民习惯称其"金驴山"。泉在金驴山西山根两块巨石下流出，入自然水湾，村民用水管引泉至家中饮用，多余水流入泉外蓄水池。蓄水池呈长方形，由料石砌垒，长 12 米，宽 5 米，深 2.5 米。水盛时溢出，经山溪流入锦阳川。经检测，泉水 pH 值为 7.8，属优质弱碱水。泉上崇山峻岭，树木成林，林边池水碧绿，鱼群戏游。

驴腚眼泉　董希文摄

泉下蓄水池　董希文摄

牛膝泉

牛膝泉位于南部山区柳埠街道南山村，距离四门塔 660 米，海拔 291 米，因在金牛山北侧叫牛膝的地方而得名。

泉池在金牛山北大堰下券砌石棚内，呈井形，井口为石砌长方形，长 1.2 米，宽 0.8 米。井深 4 米，水位很高，伸手可及。此泉旧时是南山村民饮用水源，还可以灌溉良田。泉水清澈，常年不竭。水盛时漫出井口顺山势流下汇入锦阳川。经检测，泉水 pH 值为 7.81。泉北 10 米处有蓄水池。泉边树木成林，植被丰茂。

牛膝泉　董希文摄

泉北蓄水池　董希文摄

圣龙栖泉

圣龙栖泉位于南部山区柳埠街道柳埠国家森林公园院内涌泉东侧，海拔 228 米，因泉水出自一石雕巨龙口中而得名。

泉水出自涌泉下方，自白虎山下石崖缝隙中汩汩流出，出露形态为涌流，水量较大，四季不涸，入锦阳川。经检测，泉水 pH 值为 7.69。1998 年 10 月，济南鑫大源工程公司出资雕刻一长 5.6 米的石龙，泉水被

圣龙栖泉　董希文摄

市民排队汲水　董希文摄

引至石龙腹中，自石龙口涌出。石龙首处有一自然石修的长2米、宽1.2米的小型水池，池边放一石桌，供游人休憩。泉东有20世纪所立的毛泽东画像影壁。泉西有占地约10亩的竹林。圣龙栖泉与涌泉遥相呼应，泉水、瀑布、溪水、影壁、竹林、石雕巨龙构成独特的景观，令游人流连忘返。

滴水泉

滴水泉位于南部山区柳埠街道四门塔景区滴水峪石桥北侧东崖下，海拔261米。枯水时，泉水呈滴落状，滴滴答答，因此得名"滴水泉"。

泉水自山坳石缝隙中流出，出露形态为线流、滴状，入一大一小两个半圆形池中，水盛时呈涌流状，自石壁外泻，顺山坳蜿蜒而下注入琨瑞溪（滴水峪沟）。泉边山峦萦回，树木葱茏，小桥流水，景色宜人。经检测，泉水pH值为8.39，属优质弱碱水，是泡茶的上品水。

泉南有建于隋代的单层方形四门塔，塔四面各辟一石门，故名"四门塔"。该塔建筑风格独特，结构简洁，外貌古朴，浑厚庄严，有"华夏第一石塔"之美名，1961年被国务院公布为第一批全国重点文物保护单位。

滴水泉　董希文摄

涌泉泉群（上册）

神异泉

　　神异泉位于南部山区柳埠街道四门塔景区神通寺遗址东北，滴水峪石桥南，琨瑞溪西岸，海拔 253 米。

　　泉呈圆井形，井口直径 0.4 米，由一块料石雕凿而成，井深 5.2 米，水深 2.6 米。泉井在四角凉亭之下，井旁立有"神异井"石刻，泉周围设有铁质围栏。泉井深邃，水净甘洌，冬夏不涸。

　　神异泉古称"神异井"，为神通寺僧人饮用水源。世传此处原无泉水，北魏皇始二年（397 年），朗公禅师至此，听到地下有水声，命人挖掘，

神异泉　董希文摄

四门塔　董希文摄

果然涌出一泉，泉水常流不竭，似有灵异，因此名之"神异井"。今泉西所立明成化十年（1474 年）《神通寺外护记》碑中对此泉的由来做了记载："其处乏水，（朗公）禅定之次，闻地下有水，俾穿掘，果获甘泉，迄今以为神异井焉。"神异井之神奇，早在唐代即有记载。传世至今的唐释道宣著《续高僧传》载有："井深五尺，由来不减，女人临之，即为枯竭，烧香忏求，还复如初。"又称，隋代高僧法瓒受命护送舍利至神通寺时，有种种神奇现象发生，其中之一就是"井水涌溢，酌而用之，下后还复"。

泉子峪泉（南薄罗泉）

泉子峪泉位于南部山区柳埠街道四门塔北泉子峪村西南侧，海拔333米，原名"南薄罗泉"，古名"南叵罗泉"，传说古时泉池形如古酒杯而得名。

清郝植恭《济南七十二泉记》云："曰南叵罗者，斟如。"清崇祯、乾隆《历城县志》和道光《济南府志》俱载，（南薄罗泉）在齐王寨后岩下，"在神通寺东北，一名齐家寨"。

泉子峪泉（南薄罗泉）　董希文摄

据泉子峪村张兴凤老人讲，泉子峪村自古只有一个泉子，清宣统年间，刘氏早居于此。因建村在山峪且有山泉，故沿称"泉子峪"。村民不知泉名，便把唯一的一泓泉水叫作"泉子峪泉"。据说村的北山叫"齐王寨"。乾隆《历城县志·山水考一》称"南叵罗泉"之名应早于"泉子峪泉"。该泉距离神通寺仅1公里，可能曾为寺庙饮用水源之一。在泉子峪泉山北面锦

泉子峪泉（南薄罗泉）

泉子峪泉（南薄罗泉）周边环境　董希文摄

绣川大泉村有北薄罗泉，两泉直线距离 2.5 公里。

泉水自白虎山东北脚下岩缝流出，积于石砌池中。水池为地下式，东西长 6 米，南北宽 3 米，深 2.5 米。泉池西头上管护房里的抽水设备将泉水提至高于村庄的水池中，使村民用上自来水。经检测，泉水 pH 值为 8.23，为优质弱碱水。为保持泉水清洁，村民用水泥板将泉池棚盖，上留取水口，取水口 1 米见方，上有铁制盖子保护。

据张兴凤老先生讲，原来泉水很大，经常溢出井外，随泉子峪琨瑞溪流入锦阳川。

锡杖泉

锡杖泉位于南部山区柳埠街道下海螺峪村西北角,海拔260米。传说此泉是由唐代高僧用锡杖戳地而出,故名"锡杖泉",又名"一杖泉"。

明崇祯《历城县志》载:"锡杖泉,海螺峪内,流入锦阳川。"清郝植恭《济南七十二泉记》曰:"锡杖,将飞之候也。"传说此泉与东海相通,曾流出过海螺壳,被视为东海海眼,故又名"海眼泉"。

宋祁彭年诗曰:"昔有高人示化权,曾随杖锡涌甘泉。岩穿细孔成池沼,香积僧庖待涤蠲。"清韩章也有诗曰:"禅机漫道总空虚,吸尽

锡杖泉　董希文摄

锡杖泉

泉旁河道穿村绕户风光无限　董希文摄

西江水有余。愿与众生清俗垢，锡环一卓便成渠。"

泉池为石砌长方形，长 1 米，宽 0.85 米。泉水出露形态为渗流，清澈甘洌，常年不涸。水盛时溢出池外，沿山峪漫流。上海螺峪村、下海螺峪村村民均饮用此泉水。经检测，泉水 pH 值为 7.47。

海眼泉

海眼泉，又叫"腰泉"，位于南部山区柳埠街道上海螺峪村北台自然村西侧山半腰，海拔357米。相传泉池底水源与大海相通，故称"海眼泉"。

泉池呈方井形，长1.6米，宽1.2米，深2.5米，水位1.5米。泉池东、北两侧有石墙相护。泉水从井下东侧石洞中流出，四季不涸。水盛时溢出井外，经山溪流入锦阳川。经检测，泉水pH值为7.8，属优质弱

海眼泉　董希文摄

碱水，是北台村20户居民饮用水源。泉上崇山峻岭，村落古老宁静，泉下树木成林，果香粮丰。

九眼泉

九眼泉位于南部山区柳埠街道大峪村,村中原有九泓泉水,因修路建房导致两泓泉水消失,现只有七泓涌流不息。

菩提泉,在村中部路边石堰下河道北侧石券门内,海拔314米。村北过去有菩萨寺,为纪念寺内僧人,为泉取名为"菩提泉"。石券门上有一花岗岩石上刻"菩提泉"。泉呈井形,深3米,井口装有大型抽水设备,可将泉水提至蓄水池供村民饮用。泉外是村内河道,其他泉水汇集于此后流向锦阳川。

菩提泉　董希文摄

龙华泉　董希文摄

文殊泉及塘坝　董希文摄

龙华泉，在村东北软枣峪，海拔337米。泉呈井形，井口安装有水车，泉边自然石碑上刻"龙华泉"。泉水有灌溉之利。

文殊泉，在村东北软枣峪，海拔384米。泉呈井形，井口由乱石砌成，井深1.5米，泉边自然石上刻"文殊泉"。泉水有灌溉之利。

瑞香泉，在村东北软枣峪，海拔372米。泉池呈圆形，池西北岸由乱石砌成，东南为自然石崖。泉边自然石上刻"瑞香泉"。泉北侧有小型塘坝一座，泉水自塘坝流出，形成叠瀑跌下。泉水有灌溉之利。

无名泉，在村东北软枣峪，海拔352米。泉水在核桃树下石罅中流出，泉旁两座小型塘坝庇荫在核桃树下。泉水自塘坝流下，形成两层叠瀑。泉池、塘坝、瀑布、绿树相得益彰，构成一幅优美的画卷。泉水有灌溉之利。

木香泉，在村东北软枣峪，海拔349米。泉呈井形，井口由乱石砌成，井深2.5米。井口安装了木质辘轳，泉边自然石上刻"木香泉"。

九眼泉

瑞香泉及塘坝　董希文摄

木香泉泉井及塘坝　董希文摄

无名泉　董希文摄　　　　　　　　　　无忧泉　董希文摄

　　无忧泉，在村东北软枣峪，海拔 327 米。泉在石堰下，呈半圆井形，井口由乱石砌成，并安装了木质辘轳，泉边自然石上刻"无忧泉"。泉水有灌溉之利。

于家泉

于家泉位于南部山区柳埠街道曲吕峪村内西北部水沟旁，原为山崖根下自然出涌之泉。2017年，济南市南部山区生态保护局和柳埠街道对此饮用水水源周边进行清理，泉口处被保护性封砌。泉水通过一根铁管源源不断地排入水沟中，水沟内泉水清澈见底。泉北侧也有一泉，泉水自西山根流出，经暗渠流入绕村沟渠，后经玉水河入锦阳川。

于家泉原为无名泉，2021年新定泉名为"于家泉"。2021年3月济南泉水普查时，村民于书贵介绍说，此泉自古就有，但一直没有名字，原来就是山根下的一个小水窝，四季出水。附近的老百姓用瓢把水舀到木筲里，带回家饮用。1985年村里修了水池子，村民用水更方便了。

于家泉及塘坝　董希文摄

泛泉

泛泉位于南部山区柳埠街道青杨峪村西北生产路北侧堰根，海拔428米，因旧时泉水出露时由下而上泛水花而得名。

泉水自石堰下流出后，汇入一个长4米、宽1.5米、深2米的长方形水池。水池顶部棚盖，留有一个方形出水口。夏秋季节，泉水自水池口溢出，流入近旁的一个露天水池，又溢出水湾，向南经山溪流向锦阳川。

泛泉清碧绝尘，常年不涸，清澈甘洌，一般用来浇灌坡地庄稼。2021年3月济南泉水普查时，青杨峪村党支部书记陶延贵介绍说，泛泉距村子1里多远，过去遇到大旱天气，村里的老泉井水不够用了，大家都会到泛泉来担水。老百姓认为，常饮此水祛病健体，延年益寿。泛泉所在处山峦萦回，树木葱茏，空气格外清新。

泛泉　董希文摄

青杨峪老泉

青杨峪老泉，曾名"无名泉"，位于南部山区柳埠街道青杨峪村中心，海拔 408 米。

泉水出露状态为渗流，常年不涸，清澈甘洌，是村民主要饮用水源。泉池为石砌，呈圆井形，井口直径 0.8 米，深 1.4 米。

2021 年 3 月济南泉水普查时发现，井内水面距井口仅 1 米许，泉水清可鉴人。据村党支部书记陶延贵介绍，这是个建村时就有的老泉井。这个泉井位于李沟下方的沟口处，夏天雨水大时，泉水会从井里漫上来，顺地势往下流，流向锦阳川。老泉井旁立有饮用水水源保护区标识牌。2017 年，泉井及周边环境得到优化和整治。

青杨峪老泉　董希文摄

玉水泉

玉水泉位于南部山区柳埠街道玉水村中段河南岸,柳埠通往跑马岭的公路南侧,海拔362米。因冬季泉水结冰似玉,故称"玉水泉"。玉水泉也是锦阳川(古称"玉水")的源头之一。

泉水自岩石罅中涌出,泉池呈井形,乱石砌垒,井深3米,井口直径0.5米,上有铁质井盖。村民用水泵将泉水提至家中饮用。经检测,泉水pH值为7.56。盛水期,泉水溢出井外,流入锦阳川。

玉水泉　董希文摄

苦梨泉

苦梨泉位于南部山区柳埠街道玉水村涝洼自然村西南黄尖山前，柳埠通往跑马岭的公路旁，海拔548米。

苦梨泉，明崇祯、清乾隆《历城县志》俱载，称："在黑牛寨前黄尖山下，流经罗伽峪，入云河。"但云河在锦绣川，该记载有误。清道光《济南府志》载："苦梨泉在黄尖山下，但与旧志所载流经不合，应为流入锦阳川。"

经考察，苦梨泉北即为黄尖山，再北为黑牛寨山。黄尖山下即柳埠

苦梨泉　董希文摄

| 涌泉泉群（上册）

苦梨泉泉池　董希文摄

通往跑马岭的公路，路北侧为涝洼村，泉在村庄西南侧公路下繁茂的树林中。泉水自石罅中涌出，通过一石雕龙首之口顺势跌落至 2 米见方的水池中，该水池围有雕刻精美的石栏杆，之后泉水又经暗渠流入面积为 500 多平方米的圆形水湾，溢出水湾后汇入长方形水池，之后又顺山势滚滚流入锦阳川。泉周围石壁上镶嵌多方题刻，池边绿树成荫，苇草丰茂，景色清幽。

濯衣泉

濯衣泉位于南部山区柳埠街道跑马岭森林公园大门外东侧 100 米处柏树林中，海拔 744 米。相传李世民东征时曾在此驻扎，官兵常在此泉洗军衣，故名为"濯衣泉"，又因军马常来饮水，又叫"饮马泉"。

濯衣泉在石券小房内，泉池为长方形，长 5 米，宽 2.5 米。泉水自池底渗出，出露形态为渗流，常年不涸，是农业灌溉水源。水盛时顺山势向东北流入锦绣川。濯衣泉东 560 米处为跑马泉。

濯衣泉　董希文摄

龙涎泉

龙涎泉，位于南部山区柳埠街道龙门村东，龙门水库大坝下。泉水自石缝中流出，出露形态为线流，四季不涸，无泉池，经龙门村小溪汇入锦阳川。据该村老人介绍，这个泉子与老龙门泉有关，老龙门泉现淹没于水库中，估计沿石缝从这里流出来了。泉水水量较大，有农业灌溉之利。

龙门水库　董希文摄

新龙门泉

新龙门泉位于南部山区柳埠街道龙门村南的龙门山庄内，仙人脚山东坡下竹林中。泉池为石砌，直径8.4米，深4.5米。泉水出露形态为涌状，四季出涌，清澈甘洌，旧时为龙门村饮用和灌溉水源，今为龙门山庄的饮用水源。泉水通过石隙渗流入西侧的李家塘河道（锦阳川支流）。2021年3月济南泉水普查时，现场勘测人员发现池内水深3米。据了解，此泉原为自然出露，20世纪60年代，龙门村村民为取水方便将泉砌为大圆池。

村东旧有龙门泉，金、明、清三代济南七十二名泉均将其收录。1958年建龙门水库时，老龙门泉没于水库之中。龙门村人认为此泉与老龙门泉一脉相承，故称此泉为"龙门泉"，为区别龙门水库中的老龙门泉，今称此泉为"新龙门泉"。明晏璧《济南七十二泉诗》曰："西望龙门海藏通，香泉一脉透齐东。桃花浪暖春三月，鲲化鹏程九万风。"

泉旁东侧小山俗称"仙人脚"，也叫"娘娘脚"。娘娘，即泰山老母碧霞元君。当地传说，泰山老母曾在此歇脚饮用该泉水。泉边遍植翠竹，苍翠葱茏。泉池南侧有一巨石名"如意"，石下有一棵百年柿树，人们赋予其"事事如意"之意。泉南还有两株挂有济南市古树名木牌的古玉杏树。

新龙门泉附近碧水回环，山水相依，林草丰茂，阡陌交通。村民在此开办泉水农家乐，用泉水养鱼、种菜、做豆腐、沏茶，做出了道地的泉水宴。

涌泉泉群（上册）

竹林下的龙门泉　董希文摄

染池泉

染池泉位于南部山区柳埠街道石窑村东北二三百米处的后沟中。泉水自石堰下渗流，当地人用自然石砌成一个直径约 3.5 米的半圆形泉池。泉水在夏秋季节通过一条狭窄的石渠顺势下流，为当地农业灌溉用水。2021 年 3 月济南泉水普查时，泉池内泉水有 1.5 米深，水面漂着一层絮状青苔，拨开青苔，可见泉水清澈。由于时值旱季，泉水尚不能通过石渠外流。

染池泉　董希文摄

染池泉为金、明、清三代济南七十二名泉之一，地方志中仅记载了其大致位置。元《齐乘》称在"龙门东"，明崇祯、清乾隆《历城县志》称"在神通寺东，流入锦阳川"，明晏璧《济南七十二泉诗》云"柳子当年记染溪，别分一派出东齐。忆从濯锦江边过，风漾晴澜五色迷"。1997年《济南市志》载，"今当地百姓已不知此泉。据调查，在今龙门村东侧龙门水库桥下被称为'六沟地'的堰根处，过去曾有一泉，是否即为染池泉，不详。1958年修建龙门水库时，此泉湮于水库中"。今石窑村染池泉所处位置在龙门水库东大约500米处，其位置与文献记载大致相合。此泉是否为古染池泉，待进一步考证。

青龙泉

青龙泉位于南部山区柳埠街道吴家沟村中，海拔 309 米，因泉池在青龙山下而得名。

泉池呈井形，井口为圆形，由一块大石板凿成，直径 0.7 米，井深 12.5 米。泉水自井下东南方向流出，水量稳定，旱时不竭，涝时不溢。井内有数十根水管将泉水提至村民家中。经检测，泉水 pH 值为 7.23，水质一般。泉南侧青龙山下有一株千年苦楝树，虽历尽沧桑，仍枝叶繁茂。树高约 12 米，主干高 2 米，树围 3.8 米，分南北两枝，村民视其为神树，并设祭台祭祀。

青龙泉　董希文摄

马家峪泉

马家峪泉位于南部山区柳埠街道马家峪村南路边,海拔 375 米,因在马家峪村而得名。

泉池为石砌,半地下式,呈长方形,长 3.5 米,宽 2.5 米,深 3 米。池上留有三角形提水口。泉水清澈,常年不竭,为附近村民的主要饮用水源。经检测,泉水 pH 值为 7.44。泉西古槐枝叶繁茂,是马家峪村的重要标志之一。

马家峪泉及泉西古槐　董希文摄

百沟泉

百沟泉位于南部山区柳埠街道吴家沟村东龙门山景区,海拔309米,因泉池在百沟内而得名。

泉水自石板下东北方向流出,入自然水湾,沿暗渠流向山下,在距离泉眼30米处大岩石下流入塘坝,再经山溪流入园子台水库。丰水期水量较大。经检测,泉水pH值为7.3,水质较好,为景观和农业用水。泉右侧山崖伫立,绿树葱葱。泉下龙门山景区,道道塘坝,层层瀑布,蔚为壮观。

百沟泉及泉下塘坝　董希文摄

寺通泉

寺通泉位于南部山区柳埠街道吴家沟村东龙门山景区内,海拔309米,因泉池在通往观音寺的路边而得名。

泉水自石板下东南方向流出,入自然水湾,沿山渠流向山下入园子台水库。经检测,泉水 pH 值为 7.3,水质较好,为景观和农业用水。泉左侧有龙门景区亲子探险园,泉下为园子台水库。

寺通泉及泉下园子台水库　董希文摄

牛蹄泉

牛蹄泉位于南部山区柳埠街道马家峪村园子台水库东北，距离园子台水库432米，海拔468米，因泉池形状如牛蹄印而得名。

《济南泉水志》载："牛蹄泉，在柳埠孙家坡东。"现孙家坡在龙门山景区规划范围内，村民已迁至马家峪。

泉水自岩缝涌出，汇入石砌牛蹄形泉池，泉池长6米，宽3米，深1米。水位很高，伸手可及。泉水清澈，常年不竭，水盛时顺山势流下，入园子台水库，之后汇入锦阳川。牛蹄泉原来是孙家坡村村民饮用水源，还可以灌溉农田。经检测，泉水pH值为7.81。

牛蹄泉　董希文摄

母泉

母泉位于南部山区柳埠街道马家峪村东龙门山景区,海拔625米。该山谷因泉水较多,所以被称为"泉源谷"。该泉在众泉之上,而且水量较大,被视为"群泉之母",故名"母泉"。

母泉　董希文摄

母泉

母泉泉下塘坝　董希文摄

泉水自跑马岭西侧山腰石崖缝隙中潺潺流出，出露形态为线流，四季不涸。母泉无泉池，泉水经山溪蜿蜒流入大型塘坝，之后入园子台水库，最终汇入锦阳川。

母泉周边巨石林立，绿树成荫，石涧流泉，哗哗作响，好像一幅高山流水画卷。泉上有观景台，可俯瞰泉源谷全貌。

观音泉

观音泉位于南部山区柳埠街道马家峪村东龙门山景区内，海拔431米，因泉水在观音庙遗址附近而得名。观音泉在两棵柳树的庇荫下，泉水出露形态为线流，常年不竭。泉池由鹅卵石砌成，直径1.2米，深0.5米，泉上立有"观音泉"名碑。泉旁绿树成荫，溪水潺潺。泉水经山溪流入三叠塘坝后进入园子台水库，最终汇入锦阳川。

泉上有大型塘坝，绿水青山，如诗如画；泉下三叠小塘坝受环境影响分别呈现深蓝、湛蓝、深绿三种颜色。三叠塘坝下山溪蜿蜒，细水长流，清澈见底，水中鱼虾游动。

观音泉　董希文摄

风景如画的龙门山景区　董希文摄

石窑泉

　　石窑泉位于南部山区柳埠街道石窑村东北园子台水库中，因泉在石窑村，旧时为石窑村村民饮用水源，故得名"石窑泉"。

　　2021年济南泉水普查时发现，园子台水库东北部靠近岸边的地方水下1米处尚保留着被密封的铸铁井口。石窑村党支部书记张兴利介绍说，原先此处就是一个四季出水的泉子，2005年前后，他曾参与下挖此泉，当时下挖了三米半，安装管道引泉水入村中，此泉便成为村民的自来水

石窑泉淹没在园子台水库中　　雍坚摄

水源。后来因修建园子台水库，水库一蓄水就把石窑泉给淹没去了。

园子台水库位于龙门山景区大门外，水面波平如镜，最深达 20 多米。近年来水库景观得到提升，周边垂柳婆娑，与清澈的湖水互相映衬。水中建有供游人休憩的凉亭，游人可经蜿蜒曲桥由岸边进入凉亭。水库蓄水较多时，湖水会漫过曲桥，形成别样景致。

在园子台水库西南的燕子台水库大坝下，还有一眼自然石围砌的无名泉，泉池呈方形。此泉一年四季有水，泉水通过胶皮管从南侧地势较低的石堰下排出。

龙灯泉

龙灯泉位于南部山区柳埠街道石窑村东 300 米，山楂河水库东侧山坡。2021 年 3 月济南泉水普查时发现，此泉自石堰底部流出，形成一个椭圆形天然小水塘，小水塘长 4 米，宽 2.5 米，深度为 0.4～0.6 米，里面长满芦苇。小水塘之水又通过一道窄渠外流，顺势流向西侧的山楂河水库（塘坝）。此泉原为无名泉，2021 年新定名为"龙灯泉"。

村委会主任张兴力介绍说，此泉是全村最有名的泉子，一年四季都淌水，夏天水量还要大一些，冬春季节水量也不小。它不仅为村民提供了灌溉水源，还凝结着村民的民俗记忆。从民国时期起，石窑村就有春节玩龙灯的习俗，在附近村里很有名气。而每年玩龙灯时，龙灯队都要先到这个泉子跟前来举行取水仪式。

龙灯泉　雍坚摄

南园泉

南园泉位于南部山区柳埠街道涝峪庄南沟，海拔 348 米。因泉在涝峪庄南沟叫"南园"的地方而得名。

南园泉　董希文摄

泉水出露形态为涌流，清洌甘美，常流不竭。泉水自石崖下石罅中涌出，流入石砌水湾，又自出水口流入南侧的用水泥封盖的长方形水池中。泉水通过池底地下管道流入村南头一蓄水池中，之后进村入户，为村民生活用水。

该泉在大杨树的庇荫之下，水盛时漫出水湾，经山溪蜿蜒流入锦阳川。

杨家沟泉

杨家沟泉位于南部山区柳埠街道枣园村杨家沟自然村东头南侧山溪中，海拔 387 米，因在杨家沟村而得名。

泉在井内，出露形态为渗流，井口呈方形，由乱石砌垒，上有水泥板覆盖，井四周设铁质围网。泉西侧 2 米处有一株树龄几十年的老柳树，枝叶茂盛。泉北侧 50 米有一株历经沧桑的古槐，树干直径约 1.5 米，几次遭火烧已成空心，但是一侧冒出的新枝仍然枝繁叶茂，生机盎然。水盛时漫出井口，经山溪蜿蜒流向西侧 150 米处的小型水库，方便农业灌溉。经检测，泉水 pH 值为 7.69，是村民主要饮用水源。

杨家沟泉　董希文摄

上园子泉

上园子泉位于南部山区柳埠街道枣园村上园子村东头生产路路边，海拔385米，因在上园子村而得名。

泉水出露形态为渗流。泉池为石砌地下式，长4米，宽3米，水位很高，伸手可及。泉池周边设铁质围栏，并立饮用水源地保护区宣传牌。泉水清澈，常年不竭，是村民生活及农业灌溉水源。经检测，泉水 pH 值为 7.36。池东边有两座塘坝，碧绿的池水倒映着跑马岭和蓝天白云，十分壮观。

上园子泉及塘坝　董希文摄

月亮泉

月亮泉位于南部山区柳埠街道水峪村西北，海拔349米，因泉池似月亮而得名。泉水出露形态为渗流，自石缝中流出，落入泉池内。泉池为石砌半月形，长2米，宽1.5米。泉水常年不竭，是村民生活用水和农业灌溉水源。经检测，泉水pH值为7.4。泉池上有小篆书"月亮泉"字样。泉水流入下游塘坝，之后汇入锦阳川。月亮泉南侧有一无名泉，泉池为自然水湾。

月亮泉及周边环境　董希文摄

老鼠洞泉

老鼠洞泉位于南部山区柳埠街道涝峪村公路边,海拔 343 米。因泉眼形如老鼠洞,故俗称"老鼠洞泉"或"老鼠洞子泉"。

2021 年 3 月济南泉水普查时,涝峪村委委员于焕福介绍说:"过去,老鼠洞泉是泛泉子,两个泉眼都咕嘟咕嘟往上冒水。在 2005 年前后,村里将泉眼附近的池子挖大,形成现在 2 亩大小的水塘。涝峪村的樱桃远近闻名,种了 100 多亩,就是由这里的泉水浇灌的。"

泉水自岩缝涌出,汇入石砌长方形泉池。泉池长约 60 米,宽 3 米,深 2 米,有灌溉果林良田之利。泉水水位很高,俯身伸手可及。池边安装铁质护栏。一池碧水,鱼虾嬉戏,池边杨柳依依,景致宜人。泉水清澈,常年不竭,汇入锦阳川。经检测,泉水 pH 值为 7.8。

老鼠洞泉周边环境　董希文摄

清涌泉

清涌泉

清涌泉位于南部山区柳埠街道涝峪庄东南大涝峪山腰处，海拔407米。因汛期涌水量很大而得名。

泉水甘美，常流不竭，出露形态为渗流。泉水自石崖下石洞中流出，经暗渠流入东侧的长方形水池中，之后由水管引向山下的蓄水池中。蓄水池用水泥封盖，四周安装铁质围网，泉水又经管道引入村中，为村民生活用水。水盛时漫出，经山溪蜿蜒流入锦阳川。此处绿树成荫，怪石林立，风光尤胜。

清涌泉　董希文摄

桃科三泉

　　桃科三泉位于南部山区柳埠街道桃科村,因三泓泉水相距不远,故合称"桃科三泉"。桃科三泉均汇入锦阳川。

　　一泉,在村东小河南侧核桃树的庇荫下,海拔370米。泉井口呈圆形,由乱石砌垒,直径0.8米,井深3米,水位1.2米。经检测,泉水 pH 值

桃科村风光　董希文摄

桃科三泉

一泉泉井　董希文摄

为 7.8，为灌溉农田之用。

二泉，在一泉北侧 20 米处小河北岸，海拔 370 米。泉池呈椭圆井形，井口呈方形，由四块青石砌成，井深 2.6 米。泉水四季不涸，是村民饮用和农业灌溉水源。

三泉，在一泉南 5 米处堰根，海拔 371 米。泉池呈圆口井形，由乱石砌成，井深 3 米。

二泉泉井　董希文摄

三泉泉井　董希文摄

涝泉

涝泉位于南部山区柳埠街道桃科涝峪，海拔394米，因在桃科涝峪而得名。泉水甘美，常流不竭，自崖下石罅中涌出，出露形态为涌流，入自然水湾，之后流入泉外塘坝。水盛时漫出塘坝，经山溪蜿蜒流入锦阳川。经检测，泉水pH值为7.68。村东有古遗址跑马岭。

涝泉塘坝　董希文摄

金猫泉

金猫泉位于南部山区柳埠街道桃科村东桃科水库北侧，海拔388米，因泉池在金猫湾附近而得名。

泉水自池内东北角流出，出露形态为线流，常年不竭，清澈甘美。泉池为石砌，呈长方形，长8米，宽4米，深1.5米，水位很高，伸手可及。经检测，泉水pH值为7.1，是村民的饮用水源，还可以灌溉良田。水盛时漫出水池，顺山势流入塘坝，之后汇入锦阳川。泉西20米处为金猫湾塘坝，该塘坝可蓄水千余立方米，可灌溉农田300亩。泉边树木成林，植被丰茂。

金猫泉　董希文摄

枪杆泉

枪杆泉位于南部山区柳埠街道桃科水库东岸,海拔396米,此泉传说是辛弃疾用枪杆戳出来的,故得此名。

泉池在桃科水库东岸,为石砌,呈长方形,池长6米,宽5米,深2.5米,水位2米。泉池由水泥封顶,留有0.8米见方的取水口。泉水出露形态为涌流,自池底涌入泉池,水量较大,常流不竭,有灌溉之利。水盛时漫出水池,入桃科水库。经检测,泉水pH值为7.68。

清郝植恭《济南七十二泉记》云:"曰枪杆者,其流直如。"明崇祯、

枪杆泉　董希文摄

枪杆泉

桃科水库　董希文摄

清乾隆《历城县志》俱载："在南桃科，泉飞滋圃，为龙门诸泉之冠。"

辛弃疾一生主张抗金收复失地，统一中国。传说他青年时与僧友义端先后参加济南抗金首领耿京义军，当他知道义端窃印潜逃欲投敌后，大为震怒，便提枪单骑追杀义端于桃科村南，夺回了大印。当时日已升高，人困马乏，辛弃疾口干舌燥，四处寻遍无水，于是举枪向峪旁石壁一戳，又运足精气猛力将枪拔出，随之一股清泉顺势喷出。至今甘冽的泉水四季涌流，水势颇佳。

淘米泉

淘米泉位于南部山区柳埠街道水帘峡景区簸箕掌水库（水母天池）北侧安子峪沟，海拔585米。据说李世民率军征战此地，曾以此泉水淘米，念其劳军有功，遂赐此泉"淘米泉"之名。又因泉在安子峪，又名"安子峪泉"。

泉水出露形态为渗流状，常年不竭。泉池呈圆形，直径2.5米。池沿高于地面0.5米。泉水经山溪流入山下簸箕掌水库（水母天池），后注入桃科水库，为锦阳川源头之一。泉边立有淘米泉简介木牌。明嘉靖吴兴人徐献忠在品鉴烹茶之水的专著《水品》中载："山东诸泉海气太盛，漕河之利取给于此，然可食者少，故有闻名甘露、淘米、茶泉者指其可食也。"

淘米泉　董希文摄

水帘洞泉

水帘洞泉,又名"水帘泉",位于南部山区柳埠街道簸箕掌村东,梯子山西北水帘峡景区山涧内,海拔618米,因泉水自水帘洞岩石顶端跌落形成水帘而得名。

水帘洞泉之上,两块巨大的泰山花岗岩石坍塌于山涧,搭架成南北并列的两个石洞,洞深七八米,高、宽各约3米,泉水分别从两洞深处涌出,在洞口汇合,顺山涧哗哗流淌,穿过一飞架于山涧之上的石拱小桥,在距源头三四十米处的高大岩石顶端跌落下来,形成水帘。水帘掩隐之处又有一洞,亦由巨石搭成,深约5米,构成"水帘洞"的奇妙景观。泉

水帘洞泉 董希文摄

盛水期泉下瀑布　董希文摄

水过水帘洞后，沿涧注入簸箕掌水库（水母天池）。

　　泉水四季常涌，入口甘洌，受峡中多种中草药浸润，素有"圣水"之称。传说，附近村民常年饮用该泉水，长寿者甚多。泉下为仙龙潭。清聂剑光《泰山道里记》称："仙龙潭，玉水源也。"泉上，峡谷幽深，岩崖峭拔，怪石嶙峋，花木丛生，奇树林立。向东南仰视，海拔976米的济南第一高峰梯子山巍峨耸立，犹如泰山压顶。西北望，跑马岭逶迤连绵，宛若巨龙伏卧。

滴水泉

滴水泉位于南部山区柳埠街道水帘峡景区药王庙南 15 米处，海拔 617.8 米，因常年滴水而得名。

泉水常年不竭，出露形态为渗流。枯水季节，泉水如珍珠滚滚落下，滴水不断，盛水季节水量也不大。泉池依崖围砌为半圆形，直径 1.5 米。泉水经山溪流入山下簸箕掌水库（水母天池）后注入桃科水库，为锦阳川源头之一。

滴水泉　董希文摄

药王泉

药王泉，曾名"无名泉"，位于南部山区柳埠街道水帘峡景区药王庙左侧，海拔618米，因在药王庙下而得名。

2013年《济南泉水志》载："无名泉，位于柳埠镇水帘峡风景区药王庙旁。泉池石砌，圆井形，口径3.8米，为水帘峡风景区景观泉。"2020

药王泉　董希文摄

药王庙　董希文摄

年泉水考察时发现,泉井口呈方形,长、宽各1.5米,深2.5米,井口安装石栏杆,井内有柳树一株。泉池在药王庙地基下,泉水自池内东南角流出,出露形态为线流,常年不竭。泉水顺山势流下,入簸箕掌水库(水母天池)后汇入锦阳川。泉东10米处为水帘洞泉,泉西北20米处为滴水泉。

药王庙距今已有400多年历史,内祀刘仁宗、张耀两位"药仙",旧时香火旺盛。每年四月初八是药王庙会,盛况空前。

龙虎泉

龙虎泉位于南部山区柳埠街道水帘峡景区内梯子山下,海拔661米,因泉四周泰山石有龙虎图形而得名。

龙虎泉泉池长10米,宽4米,为石砌。泉水出露形态为渗流,常年不竭。泉水由铁管引至大堰外。泉旁植物茂密,野花丛生。泉水经山溪流入山下簸箕掌水库(水母天池)后注入桃科水库,为锦阳川源头之一,也为水帘峡景观泉水。

龙虎泉　董希文摄

公主泉

公主泉位于南部山区柳埠街道水帘峡景区内梯子山半山腰,海拔681.4米。传说,李世民率兵东征路过此处,发现此处地势险要,易守难攻,驻扎后发现了众多泉水,并指定此泉供公主专用,因此就有了"公主泉"之名。

泉水出露形态为渗流。泉池为石砌,呈长方形,长1.2米,宽0.8米。泉边立有"公主泉"泉名木牌。泉旁绿树成荫,长有芦苇。2021年4月济南泉水普查时,此泉水量较小。2020年9月,泉水出涌旺盛。泉水经山溪流入山下簸箕掌水库(水母天池)后注入桃科水库,为锦阳川源头之一。

公主泉　董希文摄

苇泉

苇泉位于南部山区柳埠街道水帘峡景区内梯子山山腰，海拔731米，因泉边长满芦苇而得名。

泉水出露形态为渗流，季节性出涌，一般旱季泉水出涌较为微弱，雨季则出涌旺盛，水泻如注。泉池为石砌方池，边长为4米。泉边立有"苇泉"泉名木牌。泉池内长有高山芦苇，在泉水滋润下，周围草木葱郁。泉水经山溪流入山下簸箕掌水库（水母天池）后注入桃科水库，为锦阳川源头之一。

苇泉　董希文摄

饮马泉

饮马泉位于南部山区柳埠街道水帘峡风景区内梯子山西南双腰山山脊，海拔 832.8 米，是目前已知济南海拔最高的泉。

泉水出露形态为岩缝渗流，积水于小塘湾。泉池呈马蹄形，由乱石砌成，泉池长 4.1 米，宽 3.5 米，深 0.5 米。传说当年李世民行军至此，饥渴难忍，突然天空一道亮光闪过，战马双蹄踏出一股清泉。李世民爱马心切，让战马先饮，故此泉得名"饮马泉"。因泉池呈马蹄形，故当地人也称之为"马蹄泉"。

登临饮马泉不是一件容易事。饮马泉在簸箕掌水库（水母天池）的东北方向，需在崎岖的山路上经过仙龙潭、滴水泉、水帘洞泉、药王庙、龙虎泉、苇泉、公主泉等诸泉，其间路过的主要地标还有李世民和两员大将的白色雕塑。在此走左手边山沟，

饮马泉　董希文摄

继续向上有古山楂树,经过几条有连翘树的绿荫小路到达石门(有标牌)。再向上基本无路,但隐约可见有人走过的痕迹。一直向上走,在距离山顶三四十米处向右走,便可看到饮马泉了。泉边有"饮马泉"泉名木牌。春夏季节,此处山花烂漫,泉水碧绿,水面生满浮萍,并有小虫游动。此泉西北距离跑马岭不远,东南为梯子山最高峰。

饮马泉所处山体以奥长花岗岩、斜长角闪岩、角闪石岩居多。因岩石多为致密的颗粒结构,含水性弱,雨水多存于大小不等的裂隙和断层,随大气降雨加强,地下水逐步升高,断层和裂隙中的含水量越来越丰富,地下水沿岩缝渗流,出露地表,形成饮马泉。

永乐泉

永乐泉位于南部山区柳埠街道槲疃村西南半山腰,海拔 267 米。传说泉名为明永乐皇帝朱棣所赐。

泉池为石砌,呈长方形,长 4 米,宽 3.5 米。泉水常年不竭,出露形态为线流,自石缝中流出落入池内,潺潺有声,村民用水管将泉水引入村内饮用,也为农业灌溉水源。相传,明朝永乐皇帝朱棣平定前朝残余势力时,曾带兵途经此地。当时骄阳似火,将士们饥渴难忍。朱棣心急如焚,抬眼望去,见半山腰有一片葱郁之处,遂命人去那里挖掘。当

永乐泉　董希文摄

永乐泉景观　董希文摄

挖了三四尺深时，一股清泉汩汩涌出，将士们争相饮用。更神奇的是，此泉不仅能解渴，还能疗伤，受伤的将士喝完此水后很快就痊愈了。后来，朱棣定都北京，年号永乐，并赐封此泉为"永乐泉"。

2020年泉水考察时发现，泉池上方原来有题名石刻和四言绝句诗石刻各一方，可惜全部被毁，四句诗中只有一句"清泉瀑布水滔滔"尚可辨认。令人欣慰的是，2023年，泉池及周边环境得到了全面整治，增加了题名石、凉亭等景观，使永乐泉更加实用和亮丽。

榭疃村村委大院里有一株千年降龙树。据该村陈书记讲："现在这个院，原来是俺陈家的祠堂，这棵降龙树是在600年前建祠堂时从外地移来的，移栽时就已是树龄500多年的老树了。树叶每年农历三月初发芽，随之现花蕾，中旬开花，花期10天左右。盛花期，满树白花像朵朵棉花一样，如覆霜盖雪，清丽宜人。"一位陈大爷说："到了夏季，别的地方蚊虫很多，这棵树周围就看不到蚊虫。"这棵树的枝干木质韧性很强，折而不断，像牛筋一般，村民都把它称作"牛筋子树"。

长盛泉

长盛泉位于南部山区柳埠街道周家峪村，海拔277米。此泉原为无名泉，因在周家峪村，故俗称"周家峪泉"，2021年正式定名为"长盛泉"。

泉池呈不规则井形，由乱石堆砌，井深3米。村民在井内放入抽水管6根，可直接将水抽至家中饮用。泉水清澈，常年不竭。经检测，泉水pH值为7.62。

周家峪村西头路北侧还有一无名泉，海拔272米，呈井形。据村民李德才介绍，泉井是他为了泉水的卫生、安全和方便村民饮用亲手砌垒的。

长盛泉　董希文摄

红沙泉

红沙泉,又称"朱砂泉",位于南部山区柳埠街道周家峪村槲树湾景区内,海拔 373 米,因泉旁有红沙石而得名。

泉池为石砌,呈井形,井口由一块料石凿刻而成,井口直径 0.5 米,井深 3 米。泉水自井壁流出,出露形态为渗流。盛水季节,泉水漫出井外,流入槲树湾水库。泉北侧 5 米处有标牌及"神石·红沙泉"简介:"明末清初,有七位高僧来此地游历,多得附近村民善待,村民请其观风水。高僧发现此神石、红沙泉,并向村民道破天机,曰:'拜神石,饮红沙泉水可祛灾病,保健康平安。'村民依高僧指点而行,果然十分灵验。久而久之,此处香火不断。高僧们离去后,神石周围均匀地长出七棵黑松,守护着神石和红沙泉。"

红沙泉　董希文摄

山楂泉

山楂泉位于南部山区柳埠街道周家峪村槲树湾景区内,海拔388米,因在一棵百年山楂树下而得名。

泉池为石砌,呈井形。泉水出露形态为渗流,自井底渗出,常年不竭。经检测,泉水pH值为7.62。泉水经山溪流入山下槲树湾水库后注入锦阳川。泉边有一株百年山楂树,佝偻的枝干中部已经腐朽,出现空心,但山楂树仍然顽强地生长着,还能结出满树的山楂。泉旁长满槲树。

山楂泉　董希文摄

首乌泉

　　首乌泉位于南部山区柳埠街道周家峪村槲树湾景区内，海拔398米，因泉边多生何首乌而得名。

　　泉池为石砌，呈井形。泉水出露形态为渗流，自井底渗出，常年不竭。经检测，泉水pH值为7.85，现为景区观赏用水，也有灌溉之利。泉水经山溪流入山下槲树湾水库后注入锦阳川。泉旁自然岩石上刻有"首乌泉"三字。泉周边长满槲树。

首乌泉　董希文摄

岱密庵古井

岱密庵古井位于南部山区柳埠街道岱密庵村，海拔268米，因在岱密庵附近而得名。

泉池呈椭圆井形，由乱石砌就。井口呈长方形，长2.2米，宽1.5米，井深6米，水位3米。泉水自井下西南方向流出，水量稳定，旱时不竭，涝时不溢。井内有水管将泉水提至村民家中。经检测，泉水pH值为7.23，水质较好，过去是岱密庵用水，现在是村民饮用水源。

泉北侧50米处为岱密庵遗址，现已荒废，仅剩残墙断壁。散落的古墓塔构件上有详细的铭文——"开山真人泰公之塔"，铭文的上面是一尊泰公的石刻雕像，雕像头挽发髻，盘腿而坐，一副道家的模样，据此推测村周边应有道观和道士陵。

岱密庵古井　董希文摄

西坡泉

西坡泉位于南部山区柳埠街道岱密庵西坡自然村路边山坡石棚下，距离岱密庵村800米，海拔298米，因在岱密庵西坡自然村而得名。

泉在杨树林的庇荫之下，为自然水湾。水湾长1.2米，宽0.8米，深0.4米，水位很高，伸手可及。泉外2米处有地下小水池，池长1.5米，宽1.2米，深0.8米，留有取水口。泉水清澈，常年不竭。经检测，泉水pH值为7.8，属优质弱碱水，原来是西坡村民饮用水源，现主要用于灌溉良田。水盛时漫出井口，顺山势流下汇入锦阳川。泉边树木成林，植被丰茂。

西坡泉　董希文摄

西坡泉　董希文摄

三岔东泉

三岔东泉位于南部山区柳埠街道三岔村东河边大堰下核桃树林中，海拔 310 米，因泉池在三岔村东而得名。

泉池呈井形，由乱石砌就，井深 3 米，水位 2.5 米。井口用料石砌垒，长 1.8 米，宽 0.4 米。井内装有水管数十根，村民通过水管将泉引入家中。泉水清澈，常年不竭，水量很大。井壁 2.5 米处有出水口，泉水流入河道，顺山势流向锦阳川。经检测，泉水 pH 值为 7.3。泉边树木成林，小桥流水。

三岔东泉　董希文摄

三岔山楂泉

三岔山楂泉位于南部山区柳埠街道三岔村北大堰下，海拔 325 米，因在山东"山楂第一村"而得名。又因泉在泉子峪，又名"泉子峪泉"。

泉井直径 2 米，深 2 米，在方形泉池西北角。泉池由乱石砌垒，边长 7 米，深 2 米，水位 1.5 米。泉水清澈，常年不竭。泉池东南角留有

三岔山楂泉　董希文摄

三岔山楂泉

三岔山楂泉泉池　董希文摄

出水口，泉水流出后经山溪流向锦阳川。

　　泉上山楂树成林，深秋季节，漫山遍野红彤彤的山楂挂满枝头，一派丰收景象。三岔村是远近闻名的"山楂第一村"，种植山楂已有300多年历史了，家家户户种山楂，现在种植的都是"大金星"品种，总面积达1000多亩。

里沟泉

里沟泉位于南部山区柳埠街道里沟村东路边大堰下,海拔353米,因泉池在里沟村而得名。

泉池呈井形,乱石砌就,井深3米,水位2.5米。井口由料石砌垒,井口长1.8米,宽0.4米。井内有水管,村民通过水管将泉引入家中。泉上有管护房。泉水水量稳定,常年不竭。经检测,泉水pH值为7.3。泉边树木成林,小桥流水。泉上里沟塘坝一池碧水倒映青山白云,风光旖旎。

里沟泉　董希文摄

川道泉

川道泉位于南部山区柳埠街道川道村北峪自然村中部路边，海拔393米，因在川道村而得名。

泉池为石砌圆井形，直径1.1米，井深6米，水位4米，井口呈不规则形。泉水自井底石缝流出，四时不竭，为村民主要饮用水源。经检测，泉水pH值为7.6。

川道泉　董希文摄

川道泉井口　董希文摄

唐家沟南泉

南泉位于南部山区柳埠街道唐家沟村南水沟中,当地人按其位于村子的方向称之为"南泉"或"南泉子"。

南泉为自然出流之泉,一年四季出水旺盛。2021年4月,济南泉水普查时了解到,南泉之水出流后,在其西南侧水沟拐弯处形成一个深达5米的水塘,水塘之水又溢出,沿河沟蜿蜒流向下游。村民范立树老人介绍说:"南泉自建村就有,原来就是一个小泉眼,泉口仅能放下一个水筲,虽然一直往外淌水,但出水量并不大,所以在附近村里也没有名气。

南泉　雍坚摄

大约四五年前,村民范立臣对南泉泉口进行了掏挖。没想到水越挖越大,一年四季水都很大。从那以后,就有了这个泉井。庄边果园浇地取水很方便,也有不少人到这里打水喝。"

1948年,济南战役山东兵团指挥所最早设于唐家沟村。伴随着战事的进展,指挥所移驻仲宫镇尹家店,现唐家沟村仍保留着指挥所旧址。

月亮窝泉

月亮窝泉位于南部山区柳埠街道小榭疃村东天麻岭（天马顶）山腰，泉池处于绝壁之下，依山用自然石围砌，外观呈半月形，2021年被正式定名为"月亮窝泉"。此泉为2011年济南泉水普查时新发现之泉。

天麻岭耸入云端，奇峰突兀，鹤立其中，远眺山峰，雄伟奇特，甚为壮观。山腰绿树成荫，植被丰茂，空气清新，泉水潺潺，风光独特。

在月亮窝泉北侧山洞内也有一泉，泉水是开凿国防山洞时发现的，

月亮窝泉　董希文摄

月亮窝泉

无名泉藏于山洞内　董希文摄

暂名"无名泉"。无名泉泉池为石砌，呈长方形，池长8米，宽4米，深2米。泉水自石崖缝隙中流出，出露形态为渗流，四季不涸，清冽甘甜。经检测，泉水pH值为8.03，是较好的弱碱水。

独孤泉

独孤泉位于南部山区柳埠街道小槲疃村东天麻岭（天马顶）西北面半山腰，海拔 505 米。因泉在深山老峪，过去几乎与世隔绝，偶有发现者，均视之为无名泉。

泉水自石崖缝隙中流出，出露形态为渗流。泉水四季不涸，清冽甘甜。泉池为石砌，呈长方形，池长 8 米，宽 7 米，深 1.5 米。现有村民在泉水出露处搭一铁棚庇荫泉水，并用水管将泉水引至山下饮用。泉水四周植被丰茂，山花烂漫，溪水淙淙，空气清新，环境幽静。

经查阅文献记载，发现此泉与赫赫有名的济南古七十二泉之一的独孤泉十分吻合。济南金、明、清三代七十二泉中所记载的"独孤泉"有两个。元《齐乘》转载金《名泉碑》时载："曰独孤，灵岩寺。"谓此独孤泉在长清灵岩寺。明晏璧《济南七十二泉诗》曰："天麻山北水盈渠，山水流传姓独孤。药岭茏葱含紫翠，清流岂受俗尘污。"从诗意可知，此泉在天麻山北坡。明嘉靖《山东通志》中则两说并举，称："曰独孤，在灵岩寺，或云在天马岭下。"崇祯《历城县志》在记述古七十二泉（金代七十二泉）时，则将独孤泉的位置定为天麻岭："独孤泉，天麻岭下，北流入锦阳川。"清康熙、道光《济南府志》所载独孤泉均为"天马岭下，北流入锦阳川"。清聂剑光《泰山道里记》称："梯子山西为天麻峰，独孤泉北流，又西为松峰，下有龙池，亦玉水发源也。"清代张善恒有诗曰："侧岭入天麻，有泉甘且旨。不遇坡翁题，终亦湮没耳。"

独孤泉

独孤泉周边环境　董希文摄

今小槲疃无名泉所在的天麻岭与明清方志文献中所提及的天麻岭（山、峰）为一山，加之此泉涌量较大，四季不涸，故此泉可能即历史文献所载的"独孤泉"。

江家沟泉

江家沟泉位于南部山区柳埠街道窝铺河西村南，海拔319米，因在江家沟而得名。

泉井呈椭圆形，由乱石砌就，井口呈长方形，长1.2米，宽0.5米，井深1.5米，水位1米。泉水水量较大，丰水期溢出井外，经山溪流向卧铺河（古时称"玉带河"）。井水又经暗渠流入外侧10米处蓄水池，池长10米，宽4米，深1.5米，用于蓄村民饮水和灌溉用水。经检测，泉水pH值为7.3，水质较好。

窝铺河西村村北河边有始建于清乾隆十年（1745年）的真武庙，光绪二十五年（1899年）重修碑载："是庙也，掩映环抱，虽无名山胜水，可赞志者有四景焉：左有天麻，右有交战，前有松风，后有双锁，自古迄今，人诸共仰。又有河水环绕，山形叠翠，水势激湍，又不同于者。"

江家沟泉　董希文摄

松子峪泉

松子峪泉位于南部山区柳埠街道卧铺河东南村齐长城遗址下松子峪，海拔 368 米，因在松子峪而得名。

松子峪泉在两块巨石下，巨石下方形似一张张开的大嘴，泉在后方形似咽喉处流出，入自然水湾。水湾呈半圆形，直径 1.5 米。泉水出露形态为线流，四季不涸，清冽甘甜，水量稳定，旱不竭，涝不溢，日出水 3～15 立方米，是村民饮用水源。过去大旱之年，周边村民就到松子峪泉来汲水。经检测，泉水 pH 值为 7.3，水质较好。

松子峪泉　董希文摄

长城里泉

　　长城里泉位于南部山区柳埠街道卧铺河东南村南齐长城遗址下，海拔505米，因在齐长城脚下而得名。

　　泉池由鹅卵石砌成，呈圆井形，直径0.5米，深1.5米。泉水自池下石崖缝隙中流出，出露形态为渗流，四季不涸，清洌甘甜。村民用水管将泉水引至家中饮用。据传说，长城里泉是当年修齐长城时民夫的饮用水源。泉边植被丰茂，山花烂漫，溪水淙淙，空气清新，环境幽静。

长城里泉　董希文摄

背阴泉

背阴泉位于南部山区柳埠街道西山村东顶自然村北,海拔502米,因在东顶山北下背阴处而得名。

泉井为石砌,呈长方形。井口由四块花岗岩块石砌成,长0.8米,宽0.6米。井深2米,水位很高,伸手可及。泉水一年四季常流不息,自溢水口流入北侧用花岗岩石修筑的蓄水池。蓄水池南北长6米,东西宽5米,有灌溉之利。经检测,泉水pH值为7.59。池边杨树成林。

背阴泉　董希文摄

赵家庄五泉

赵家庄五泉位于南部山区柳埠街道西山村赵家庄，200米范围内的五泓泉水均没有名称，故统称"赵家庄五泉"。1997年《济南市志》载，赵家三泉在柳埠镇赵家庄南侧山岭下，东西向三个泉池，形状各异，深度相近，水势较小，供村民生活用水。在三泉之南，还有两泉，均为村民饮用水源。

一泉塘坝　董希文摄

赵家庄五泉

一泉　董希文摄

二泉　董希文摄

三泉　董希文摄

四泉　董希文摄

五泉　董希文摄

一泉，在赵家庄西南角大堰根，海拔542米。泉井口呈长方形，长0.6米，宽0.4米，井深3米，水位很高，伸手可及。泉井北侧15米处有蓄水池，蓄水池长20米，宽10米，为灌溉农田之用。蓄水池北侧有文化广场，广场有凉亭、长廊、草坪等，是赵家庄村民休闲、娱乐的场所。

二泉，在一泉东30米处石崖根，泉池呈方口井形，有水泥板棚盖。村民放水管在井内，将泉水引至家中。

三泉，在二泉东5米处，泉池呈方形，用水泥板棚盖。

以上三个泉池，相距30米以内，深度相近，水势较小，但常年不竭。

四泉，在赵家庄中部南边山坡下，海拔544米。泉池呈方口井形，井口由四块青石砌成，井深2米，水位较高，伸手可及。

五泉，在赵家庄东头村南，海拔560米。泉在石堰下，紧靠村民赵氏院墙。泉池呈井形，井口用花岗岩石砌垒，井深1.5米，水面距井口1米。泉在井下1米处，自三处小石洞流出，出露形态为线流，水量较前四个泉稍大。

观山泉

观山泉位于南部山区柳埠街道西山村赵家庄自然村北,海拔480米,因在观山脚下而得名。

泉池为石砌长方形,长2.5米,宽1.5米。水位很高,伸手可及。池边长满水草,池内青苔碧绿,水中倒映观山和蓝天白云,犹如画卷。泉水经暗渠流入20世纪80年代修建的提水站。泉水清澈,常年不竭,为附近村民主要饮用水源。泉边树木成林,以核桃树、柿子树为主。观山长满槲树。2021年济南泉水普查时,泉池内泉水充盈而澄澈,尚能溢出泉池,漫流山谷。

观山泉　董希文摄

黄路泉

黄路泉位于南部山区柳埠街道西山村黄路泉自然村西侧路旁。泉水甘美清冽，常流不涸，自和尚帽山的东山根岩洞流出，汇于长方形水池，

黄路泉　董希文摄

黄路泉

黄路泉塘坝　董希文摄

而后沿输水管道流入家家户户，供全村人饮用。为保持泉水清洁，泉池被村民棚盖起来。2016年3月，村民在黄路泉北侧修建浅井一口，井用青石砌垒，井口呈圆形，直径0.45米，井内为长方形，井深2.6米。井旁立自然石刻，上书"黄路泉"。井东侧建有四角凉亭，其南墙画有"富水长流"壁画。井北侧墙上有黄路泉简介："相传唐朝时期起义领袖黄巢率军路过此地，口干舌燥，取瓢饮此泉之水，顿觉清凉无比，精神焕发，故此泉得名黄路泉。"

　　盛水季节，黄路泉之水漫流，积于由石坝顺势拦截而成的水塘之中，之后顺山势向下经过高低错落的七个塘坝，汇入黄巢水库。八个塘坝以水相连，宛若八颗翡翠镶嵌在山谷中。

石桥泉

石桥泉位于南部山区柳埠街道西山石桥村古石桥西侧。泉池呈井形，深 10 米，井口呈方形，边长 0.4 米。一般年份，泉为季节性喷涌，夏天雨后出水量很大。泉水通过古石桥下的峪沟汇入锦阳川窝坡河道。2011 年泉水普查时了解到，此井为 20 世纪六七十年代村里为解决缺水问题而挖。

石桥泉　董希文摄

古石桥为两块长条自然石搭建的简易板桥，桥高 1.5 米，桥面宽 1.5 米，桥长 2.5 米，旧时为当地人上山的必经之桥。石桥边形成的村落以此得名"石桥村"，石桥旁的泉子则被称为"石桥泉"。古石桥附近有一浅水池，汛期也有泉水涌出。

泉边古石桥　董希文摄

马家沟三泉

马家沟三泉位于南部山区柳埠街道西山村马家沟自然村。因相距不远的三泓泉水均没有名称，故统称为"马家沟三泉"。

一泉，在马家沟村东公路东侧堰根，海拔432米。泉井口呈圆形，由青石砌垒，直径0.9米，井深3米，水位1.2米。经检测，泉水pH值为7.8。泉井南侧3米处有方形蓄水池，边长10米，作灌溉农田之用。

二泉，在一泉北侧10米处，泉池呈方口井形，边长0.6米，由四块青石砌成，井深2.6米。

三泉，在二泉北5米处堰根，泉池呈圆口井形，井口直径0.8米，

一泉泉井　董希文摄

二泉泉井　董希文摄

由乱石砌成，井深 2.8 米。

三个泉井，相距 20 米，深度相近，水势较小，但常年不竭，为村民生活用水，也有农业灌溉之利。

三泉泉井　董希文摄　　　　　　　一泉与蓄水池　董希文摄

黄巢水库红旗渠渡槽　董希文摄

清水泉

清水泉位于南部山区柳埠街道清水圈村北路边，海拔349米，因在清水圈而得名。

泉水自石罅中渗出，出露形态为渗流，四季不涸，流入长1.5米、宽1.0米、深1.5米的自然水湾，之后沿黄巢峪流入卧铺河，最终汇入锦阳川。经检测，泉水pH值为7.5，为农业和观赏用水。

清水泉泉池　董希文摄

桃花源泉

桃花源泉位于南部山区柳埠街道清水圈村南黄巢河西边，海拔358米，因在桃树行而得名。

泉池由石砌，长0.7米，宽0.6米，深1.2米。泉水自石缝中流出，出露形态为线流，四季不涸，入水湾后，又溢出入黄巢河，之后流入卧铺河，最终汇入锦阳川。经检测，泉水pH值为7.5，为村民饮用和灌溉水源。

桃花源泉　董希文摄

龙王崖泉

龙王崖泉位于南部山区柳埠街道于科村西黄巢水库坝下龙王崖村，海拔381米，因在龙王崖村而得名。

泉水出露形态为渗流，四季不涸。泉池为石砌，呈井形，深2.5米。井上安装有人力压水机，供泉边农家乐用水。盛水期，泉水自井口流出入黄巢河，之后汇入锦阳川。泉井四周林木茂密，鲜花盛开，泉井隐蔽于层林之中。经检测，泉水pH值为7.2，为村民饮用水源。

泉外黄巢河四季汩汩流淌，河道两旁杨柳依依，两面青山巍巍，云雾缭绕，犹如江南景色。泉南黄巢水库，碧水清清，云蒸霞蔚。泉西侧农家乐泉水宴深受游客青睐。

盛水期，龙王崖泉溢出，流入黄巢河　董希文摄

三龙潭

三龙潭位于南部山区柳埠街道黄巢水库西北龙王崖下，为锦阳川源头之一，海拔 425 米。原来在被称作"龙王崖"的山崖下，约百米长的地段上分列着三个天然石潭，统称"三龙潭"。当地人又称其为"仙龙潭"，清乾隆《历城县志》称之为"龙潭"。1956～1958 年，人们在龙潭处筑土坝蓄水，并称之为"三龙潭水库"。20 世纪 70 年代，土坝改建成浆砌石拱坝，坝长 127.8 米，高 48 米，水库流域面积 15.1 平方公里，容量约 520 万立方米。为纪念黄巢起义军，将其易名为"黄巢水库"。一龙潭淹没在水库坝下。

黄巢水库风光　董希文摄

三龙潭

三龙潭　董希文摄　　　　　　　　　黄巢水库溢洪瀑布　董希文摄

汛期三龙潭瀑布　董希文摄

　　现在的黄巢水库是三龙潭之一，只是面积较之前的天然石潭大了许多。水库大坝下、原天然石潭处修建了两座塘坝。现在的三龙潭更加壮观，发挥的作用也更大了。

将军泉

将军泉位于南部山区柳埠街道风光秀丽的黄巢水库北岸,黄巢谷下端,海拔470米,因泉南侧有将军庙而得名。传说,当年黄巢起义军曾饮用此泉水。

将军庙　董希文摄

泉池为自然水坑,泉水出露形态为渗流,常年不竭,清澈甘甜。经检测,泉水 pH 值为 7.6。为保护泉水,该泉被水泥板盖住。

将军泉　董希文摄

龙泉

龙泉位于南部山区柳埠街道于科村南榆科水库下,海拔486米,因在龙泉谷而得名。

泉水自石崖下岩缝中涌出,汇入石砌长方形小水池。池上书有金文"龙泉"二字。泉北侧有金文"龙泉谷"自然石刻。泉水清澈,水量稳定,常年不竭。传说黄巢起义军攻临沂而不克,溃至泰山北麓南峪(现在的龙泉谷),士兵精疲力竭,饥渴难耐。见此景,黄巢仰天长啸:"天毋灭我!"刹那间,晴空一声巨响,一股巨大的水柱从山坡上喷涌而出,

龙泉　董希文摄

榆科水库　董希文摄

　　形如巨龙腾空，顺山而泻，黄巢起义军得以死里逃生。这股泉水被后人尊称为"龙泉"，被龙泉水冲出的这条山峪便是龙泉谷。

　　在龙泉附近也有一泉，该泉与龙泉一脉相承。据检测，该泉水 pH 值为 7.35～8.5，硬度低，是具有医用价值的偏硅酸型富硒、富锶天然弱碱水。特别是硒元素每升含量高达 0.021 毫克，硒含量比"世界硒都"湖北恩施的"小硒水"和"长寿之乡"广西永福的"长寿之水"都高。该泉是目前国内自然界中发现的硒含量最高的饮用水之一。

于科东泉

东泉位于南部山区柳埠街道于科村东南角路旁,海拔 445 米。泉池为石砌,呈井形,深 3 米。井口由花岗岩石板凿成,直径 0.75 米。泉边立"东泉"石刻和泉水保护标示牌。泉四周由五彩石板铺设小广场,并设有健身器材。泉外山溪流水穿桥而过。盛水期,泉水自井口流出,入黄巢河,之后入卧铺河,最终汇入锦阳川。泉水出露形态为涌流,四季不涸。经检测,泉水 pH 值为 7.3,为村民饮用水源。

东泉　董希文摄

于科泉

　　于科泉位于南部山区柳埠街道于科村东南路旁，海拔459米。泉池为石砌，呈井形，深3米。井口由石砌砼制，长0.75米，宽0.65米。泉外山溪流水穿桥而过。桥头一株"歪脖子"老柳树，自泉的一侧遮蔽小桥。泉、溪、桥、树相得益彰，形成一幅天然的画面。盛水期，泉水自井口流出，入卧铺河，之后汇入锦阳川。泉水出露形态为涌流，水量较大，四季不涸。经检测，泉水pH值为7.3，为村民饮用水源。

于科泉　董希文摄

于科南峪泉

南峪泉位于南部山区柳埠街道于科村南峪自然村，海拔 526 米。泉井井口呈方形，边长 0.6 米，由砖石砌垒。井深 2 米，水位 1.2 米。经检测，泉水 pH 值为 7.8，为村民饮用水源。泉井下 2 米处有出水口，泉水经山溪流入下方 30 米处榆科水库。泉上是于科南峪自然村，村里现在只有 10 余户居民。泉下水库，波光粼粼。泉边小桥流水，绿树成荫，景色宜人。

南峪泉　董希文摄

金泉

　　金泉位于南部山区柳埠街道黄瓜峪村，海拔 459 米。因唐朝黄巢起义军驻扎此处种植黄瓜等蔬菜，故该村叫"黄瓜峪村"。种菜需要大量的水，该泉因水量较小，非常金贵，故名"金泉"。

　　泉在边长 3 米的方池中，泉水出露形态为涌流，自出水口流入南侧大型石砌水池中。水池长 23 米，宽 15 米，深 6 米，水池四周设有铁制围网。泉水常年不竭，经大型水池出水口流入黄巢水库。经检测，泉水 pH 值为 7.5，主要用于附近农业灌溉。金泉东 30 米处还有一泉，该泉自石罅中流出，进入石砌半圆形水坑，村民用水管引泉入家中饮用。

金泉　董希文摄

车匠泉

　　车匠泉位于南部山区柳埠街道车子峪村和尚帽子山下,海拔515米。因唐朝黄巢起义军驻扎于此时制作军车的车匠们即饮用该泉水,故名为"车匠泉"。

　　车匠泉泉池为石砌,呈长方形,长3米,宽2.5米,深2米。泉池用石板覆盖,上方留有取水口,取水口长1.2米,宽0.45米。泉水出露形态为涌流,常年不竭,经出水口流入车子峪塘坝之后汇入黄巢水库。经检测,泉水pH值为7.8,系村民饮用水源。

　　泉上和尚帽子山巍峨雄伟,泉边果树成林,泉下流水潺潺,花香菜绿。泉旁有古槐一株,据传是黄巢起义军车匠所种。它历经沧桑,虽躯干中空,但枝叶仍然茂盛,郁郁葱葱。

车匠泉　董希文摄

泉旁古槐　董希文摄

麦穰垛泉

麦穰垛泉位于南部山区柳埠街道罗泉崖村北,海拔 676 米,村民称之为"上泉子"。相传唐朝末年农民起义领袖黄巢曾在此饮马。因泉位置在麦穰垛山前,故得名"麦穰垛泉"。

巨石下的麦穰垛泉 董希文摄

泉在麦穰垛山前半山腰一巨石下,泉水出露形态为渗流,泉水自石缝流出入自然水湾,水湾长 2 米,宽 1.5 米。池边长满高山芦苇及杂草。泉外有地下蓄水池一座,蓄水池长 4 米,宽 2.5 米,深 2 米。泉水四季不涸,盛水期流向山下,入黄巢水库。经检测,泉水 pH 值为 7.68。泉水主要为农林灌溉用水,也是罗泉崖村村民饮用水源。现在只有一户村民在泉下居住,村民用水管将泉水引入家中饮用。

和尚帽子泉

和尚帽子泉位于南部山区柳埠街道罗泉崖自然村，海拔582米，因在和尚帽子山下而得名。

泉水自岩缝涌出，汇为自然水湾。水湾直径约2.5米，水很浅，伸手可及。泉水流出水湾后入长8米、宽6米的石砌蓄水池。泉水清澈，常年不竭。经检测，泉水pH值为7.8。泉池下是农民的菜园。

和尚帽子泉　董希文摄

罗泉崖泉

罗泉崖泉位于南部山区柳埠街道罗泉崖村西北交战岭山下，海拔655米，因在罗泉崖而得名。又因泉水距离村庄较远，村民早上去，到晌午才能到达泉边，故又名"响泉"。

泉水出露形态为岩缝渗流，泉池为乱石砌垒的半地下式水池，长2.1米，宽1米，深1米。泉水清澈甘洌，村民用水管将泉引至村中作为生活用水，也用于农业灌溉。汛期泉水溢出水池，经山溪流入黄巢水库。

泉上交战岭，海拔779米，巍峨挺拔，高出云间，万丈深谷，分列两侧，山势陡峻，气势雄伟，南有奇峰为障，北有两山相依，形成掎角之势，易守难攻，确是形胜之地。

巍峨的交战岭　董希文摄

罗泉崖泉

罗泉崖泉在石棚内　董希文摄

罗泉崖泉　董希文摄

黄巢泉

黄巢泉位于南部山区柳埠街道黄巢村西河内，海拔454米，因唐朝黄巢起义军驻扎此处时饮用该泉水而得名。

泉池为石砌，呈长方形，长2.3米，宽1.7米。泉水出露形态为涌流，常年不竭，经出水口流入黄巢水库。经检测，泉水pH值为7.3。泉池在河道中心，泉池略高于河道，但泉水与河水从不混合，"井水不犯河水"在此可辨。河上架有小石桥通往村庄，河道两侧绿树成荫，河内流水潺潺，鱼虾跳动，鹅鸭嬉戏，白鹭悠闲展翅，田野花香菜绿，山如翠屏环村，游客纷至沓来。

黄巢泉　董希文摄

龙珠泉

龙珠泉位于南部山区柳埠街道黄巢村北河边,海拔445米,何时何故取名"龙珠泉",待考。

泉池为自然水湾,池口由鹅卵石砌垒,呈椭圆形,最长直径1.2米,池深0.8米,水位0.6米。经检测,泉水pH值为7.3,原为村民饮用水源,现为农业灌溉和观赏用水。泉水流出水湾入黄巢河,之后流入黄巢水库。

龙珠泉　董希文摄

葫芦泉

葫芦泉位于南部山区柳埠街道葫芦套村南，海拔 515 米，因在葫芦套村而得名。

泉池为自然水湾，长 3 米，宽 2 米，深 1.5 米。泉水出露形态为渗流，常年不竭，为农业灌溉水源。泉水自出水口流出，经山溪汇入黄巢水库。经检测，泉水 pH 值为 7.5。

葫芦泉　董希文摄

葫芦套村风光　董希文摄

葫芦东泉

葫芦东泉位于南部山区柳埠街道办事处葫芦套村东,海拔496米,因在葫芦套村东而得名。

泉池为自然水湾,长5米,宽3米,深1.6米。泉水出露形态为渗流,常年不竭,为农业灌溉水源。泉水经出水口流出后,又经山溪汇入黄巢水库。经检测,泉水pH值为7.4。

葫芦东泉　董希文摄

苗圃泉

苗圃泉位于南部山区柳埠街道葫芦套村南，海拔506米，因在葫芦套村南苗圃而得名。

苗圃泉泉池为石砌水池，长5米，宽4米，深2米。泉水出露形态为渗流，常年不竭，为农业灌溉水源。泉水经出水口流出后，又经山溪汇入黄巢水库。经检测，泉水pH值为7.6。

苗圃泉　董希文摄

石岗泉

石岗泉位于南部山区柳埠街道葫芦套村南,海拔 559 米,因在葫芦套村一个叫石岗的地方而得名。

石岗泉在大堰下,为圆形自然水湾,直径 1.8 米,深 0.5 米。泉水出露形态为渗流,常年不竭,为农业灌溉水源。泉水经出水口流出后,又经山溪汇入黄巢水库。经检测,泉水 pH 值为 7.6。石岗泉下 1500 米处为苗圃泉。

石岗泉　董希文摄

石崖泉

石崖泉位于南部山区柳埠街道长峪村路旁河边,海拔532米,因在石崖下而得名。

泉池呈方井形,乱石砌垒,井口0.7米见方,井深3米。泉水自井中部流出,沿河道汇于泉下方塘坝,而后沿河道汇入黄巢水库。泉井南侧路边花岗石石崖高20米,井上迎客松迎接着南来北往的客人。泉东系村民健身广场,安装有各种健身器材。泉边小桥、石崖、迎客松、塘坝与错落有致的村落,构成一幅美妙的画卷。此泉甘美清冽,常流不涸,是村民饮用水源。经检测,泉水pH值为7.3。

石崖泉　董希文摄

香客泉

香客泉位于南部山区柳埠街道斜峪村，海拔 660 米，因在由柳埠通往泰山进香的路上而得名。

泉水自岩缝涌出，汇为自然椭圆形水湾。泉池长 3 米，宽 1.5 米。水盛时顺山势流下，先入蓄水池，又入斜峪塘坝，之后汇入黄巢水库。此泉原来是由柳埠去往泰山进香香客的饮用水，现为药乡林场护林员的饮用水和农业用水。泉水清澈，常年不竭。经检测，泉水 pH 值为 7.8，属优质弱碱性饮用水。

香客泉　董希文摄

康泉

康泉位于柳埠街道南康泉村北头康泉桥西南 50 米山崖下，海拔 222 米。泉水时有时无，俗称"诳泉"，后因"康"与"诳"字音相近，故称"康泉"。因泉在柳埠南边，又称"南康泉"。

康泉出水口　董希文摄

康泉泉池与提水站　董希文摄

康泉为历史名泉。清崇祯、乾隆《历城县志》和道光《济南府志》有载："康泉，在齐城峪，流入锦阳川。"泉水自石罅中涌出，流入长9米、宽6.5米、深5米的蓄水池中。泉水四季不涸，盛水季节水大如注，涌入齐城峪河道，之后汇入锦阳川。经检测，泉水pH值为7.6，供全村林果灌溉和村民饮用。泉西为桃尖山，山顶松柏戴帽，半山果树缠腰。山下泉水汩汩，河内流水潺潺，风光优美。

缎华泉

缎华泉位于南部山区柳埠街道秦家庄九顶塔民族风情园内，海拔286米，因"清泉平稳似绸缎，水波涟漪纹如华"而得名。2004年缎华泉被评为济南新七十二名泉之一。山东兰竹画院院长娄本鹤先生咏诗赞曰："水平如缎纹如花，日映泉池染彩霞。波耀北崖九塔寺，凌云古柏枝横斜。"

泉池为石砌，呈长方形，长5.1米，宽4.05米，深2.4米，雕刻精美的石栏杆绕池一周。泉水出露形态为渗流，四时不竭。水盛时溢出，沿山沟漫流，入锦阳川。泉池旁奇石上刻着"缎华泉"。泉池背后山壁峭立，周围环境优美，是一处很有特色的名泉景观。经检测，泉水pH值为7.6。

缎华泉周边是以石灰岩、页岩为主的沉积岩山体，山体表层存有大量沉积物及浅层土壤。由于地壳运动和风化、侵蚀作用，山体的水平节理、垂直节理明显，形成众多裂隙和岩溶。松软的沉积物、土壤及岩石的垂直节理以及茂密的植被，利于降水下渗后形成风化裂隙水和岩溶水等地下水，地下水遇深处坚硬岩石的阻隔沿山崖裂隙流入缎华泉泉井，之后由暗溪流入长方形泉池。

缎华泉，原称"段华泉"，明崇祯、清乾隆《历城县志》和清道光《济南府志》俱载，称其"在九塔寺南"。经考察，缎华泉在九顶塔南78米处，系20世纪50年代挖凿出来的。按其方位判断，此泉应是古圣水泉。

缎华泉

缎华泉　董希文摄

涌泉泉群（上册）

缎华泉泉池　董希文摄

1998年开发建设九顶塔民族风情园时，将圣水泉收入园内，在圣水泉井附近整修泉池，将圣水泉水引入泉池中，并取明崇祯《历城县志》所载"段华泉"之名，称此泉池为"缎华泉"。"段"与"缎"音同义不同，"缎"字更加突显了这一名泉的特色。

泉北崖上有九塔寺，寺内有九顶塔，塔有九顶，取"一言九鼎"之意，相传为唐初名将秦琼为纪念其母所建。该塔造型华美，国内罕见。明代文人许邦才在《九塔寺记》中盛赞："泰山北下，麓野之间，有地曰齐城，有山曰灵鹫，有川曰锦阳。峰峦复合，林荟苍郁，距郡邑百里，称异境云。"日本版《世界美术全集》称该塔"匠意纵横，构筑奇异，其它无能及"。1988年九顶塔被列为全国重点文物保护单位。塔后悬崖上有唐摩崖造像三处，计17龛58像，造像雕凿精美，具有盛唐风格。九塔寺现存观音堂一座，堂内墙壁上残存着清末民初的壁画。塔旁的两株千年古柏，相传是唐代开国元勋尉迟恭亲手种植，至今枝叶茂盛，生机盎然。

圣水泉

圣水泉位于南部山区柳埠街道九顶塔民族风情园内九顶塔南侧。因泉水常流不竭,人们认为此泉有灵气,故称之为"圣水泉"。

泉池呈圆井形,直径1米许,井壁为块石砌筑,外观浑厚,其风颇古。井下泉水充盈而澄澈。据记载,此泉原为九塔寺内僧人的日常饮用水源。九塔寺为千年古刹,明崇祯《历城县志》载其"唐大历重修"。由此可推知,圣水泉开凿历史之久远。

1998年,开发建设九顶塔民族风情园时,圣水泉被收入园内。古时候,圣水泉和段华泉是同时存在的,都在九顶塔附近。明崇祯《历城县志》记载:"圣水泉,九塔寺门外","段华泉,九塔寺南"。

圣水泉　董希文摄

尼姑庵泉

尼姑庵泉位于南部山区柳埠街道秦家庄村东九顶塔民俗风情园外的山峪中，海拔383米，因泉址附近早年有一尼姑庵而得名，又因泉在孟家村地域，故村民又称之为"孟家泉"。2013年《济南泉水志》载："尼姑庵泉，位于柳埠镇九顶塔民族风情园的藏族建筑下方。古有尼姑庵堂，该泉当年是尼姑庵饮用水。现荡然无存。"

尼姑庵泉　董希文摄

尼姑庵泉泉池为石砌，呈圆井形，直径1.5米，深1米。泉水自石堰下流出，出露形态为渗流，水量不大，四季常流。盛水期，泉水漫出井外，经山溪流入锦阳川。经检测，泉水pH值为7.86。

据孟家庄村村民赵奎臣介绍，此泉有上千年历史，原来孟家庄村村民建房于泉边，以孟家泉为饮用水。后来村民下迁，附近已不见屋舍痕迹，但村民在泉下埋了管道，将泉水引到山下村中继续使用。

付家泉

付家泉位于南部山区柳埠街道秦家村东山腰，海拔424米，因早年此处有付家泉子沟自然村而得名。

泉水自石堰下流出，入石砌水池，水池长3米，宽1.5米，深3米。泉水出露形态为渗流，水量不大，四季常流。经检测，泉水pH值为7.7，为村民生活用水，也用于农业灌溉。盛水期，泉水漫出井外，经山溪流入锦阳川。

枯水期的付家泉　张善磊摄

涌泉泉群（上册）

盛水期的付家泉　董希文摄

长征洞泉

长征洞泉位于南部山区柳埠街道孟家村东山黄巢水库西干渠麦穰垛山涵洞，海拔454米，因在长征洞内而得名。

泉在黄巢水库西干渠麦穰垛山东段称"红旗渠"，在麦穰垛山洞西段称"长征洞泉"，意在纪念当年村民开凿此山洞是发扬红军长征精神。洞口上方刻有"长征洞"三字。泉水出露形态为线流，自洞内石缝流出，入洞内自然水湾。水大时流出洞口，经山溪流入荼臼河，之后汇入锦阳川。经检测，泉水pH值为7.6，主要用于农业灌溉。

长征洞泉及"长征洞"石刻　董希文摄

凤凰泉

凤凰泉位于南部山区柳埠街道凤凰村北山崖下，海拔347米。因泉水喷涌若花，村民称之为"大花泉"；为了与北田村的大花泉区别开来，故以村名称之为"凤凰泉"。

泉水自岩缝涌出，汇入石砌井池，井口长0.65米，宽0.6米，深2米，水位1.6米。又自井池东南角流出，哗哗作响，伏流20余米，汇于下方长4米、宽2米的蓄水池中。水盛时顺山势流下，入齐城峪茶臼河，后汇入锦阳川。泉边遍地种植花椒树，花椒成熟期，漫山遍野红彤彤的花椒，展现出一派丰收景象。

凤凰泉　董希文摄

大花泉

大花泉位于南部山区柳埠街道北田村北山崖下，海拔347米，因泉水喷涌若花而得名。

泉池为石砌，呈不规则圆形，直径约1.5米，水位很高，伸手可及。泉水伏流50余米后，汇于长8.7米、宽4.8米的石砌蓄水池中，再由提水站提至北田村，不仅供北田村及凤凰村村民饮用，还可以灌溉千亩果林良田。泉水清澈，常年不竭。水盛时沿山势流下，入齐城峪茶臼河。经检测，泉水pH值为7.7。泉边树木成林，以核桃树、柿子树为主。

大花泉　董希文摄

里脸子泉

里脸子泉位于南部山区柳埠街道山根自然村南,海拔436米,因泉在一个叫里脸子的地方而得名。

泉水自山脚下岩缝流出,积于石砌池中。石砌泉池长6米,宽3米,在券顶石屋内,池口留有长方形小口。村民用管道将泉水引至村中蓄水池。

里脸子泉　董希文摄

里脸子泉

无名泉　陈星摄　　　　　　　　　　无名泉洞口　陈星摄

经检测，泉水 pH 值为 7.6，为村民生活用水，也是农业灌溉水源。盛水期，泉水漫山坡流入齐城峪茶臼河，最后注入锦阳川。

山根村西南方向、峪沟东侧有一处无名泉。泉在两道石砌拱形券门内，券门宽 1 米左右，高 2 米左右。通过约 20 米长的石阶后到达泉池位置，泉池长约 6 米，宽 2.5 米。泉水清澈见底，常年不竭。据村民讲，此泉原为村民饮用水源，全村都来此打水，后来被弃用。

静心泉

静心泉位于南部山区柳埠街道南田村北石堰根，海拔 505 米，因泉水出露无声而得名。又说饮用该泉水能荡涤心灵，放松心情，故名"静心泉"。

泉水自岩缝涌出，汇为石砌圆形小池。泉池直径约 1.5 米，深约 2 米，池口为方形。一小型提水站将泉水提至南田村，供村民饮用或灌溉果林良田。泉水清澈，常年不竭，盛水期水不大，枯水期水不减小。经检测，泉水 pH 值为 7.8。泉边树木茂密，遮天蔽日。

静心泉泉池　董希文摄

大峪泉

大峪泉位于南部山区柳埠街道南田村北山坡，海拔553米，因在大峪而得名。

泉水自岩缝涌出，汇入石砌的边长1.5米的方形小池，水位很高，伸手可及。泉水伏流10余米，汇于长10米、宽4米的石砌蓄水池中。一小型提水站将泉水提至南田村，供村民饮用或灌溉果林良田。泉水清澈，常年不竭。水盛时顺山势流下入齐城峪，汇入锦阳川。经检测，泉水pH值为7.8。泉边有三株百年山楂树，风光优美。

大峪泉泉池　董希文摄

恩泽泉

恩泽泉位于南部山区柳埠街道南田村西南角大堰根，海拔543米。村民们为感激包村单位整修全村面貌和泉池而将泉取名为"恩泽泉"。

泉水自岩缝涌出，汇入石砌长方形地下水池。泉池长约5米，宽3米，深2米，水位很高，伸手可得。池边安装铁质护栏。经检测，泉水pH值为7.8，可供村民饮用，还可用于农业灌溉。泉水清澈，常年不竭。水盛时顺山势流下入齐城峪，汇入锦阳川。

恩泽泉　董希文摄

双龙泉

双龙泉位于南部山区柳埠街道南田村北,海拔503米,因有两个泉眼出水而得名。

泉水自石堰下岩缝中涌出,汇入石砌长方形半地下水池。池上被封闭,留有取水口。泉水清澈,常年不竭。经检测,泉水pH值为7.8,可供村民饮用,还可灌溉果林良田。水盛时顺山势流下入齐城峪,之后汇入锦阳川。

双龙泉泉池　董希文摄

咋呼泉（响泉）

咋呼泉，古称"响泉"，位于南部山区柳埠街道亓城村东南 50 米处杨树林中，海拔 349 米，因雨季开泉，泉水顺山崖下泻时水声震耳而得名。

泉水自崖下石罅中汩汩流出，流入长 1.6 米、宽 1.3 米的水湾中，沿山沟入茶白河，之后汇入锦阳川。经检测，泉水 pH 值为 8.0，是优质弱碱饮用水。

响泉，明崇祯、清乾隆《历城县志》和清道光《济南府志》中均有记载。

咋呼泉　董希文摄

咋呼泉（响泉）

盛水期的咋呼泉溢流下泻　董希文摄

明崇祯和清乾隆《历城县志》称"在交战顶西谷中"。清郝植恭《济南七十二泉记》载："曰响泉，以其声也。"吴洪业先生在《明代晏璧济南七十二泉诗注释》一书中，标注清《济南七十二泉记》中的"响泉"即今位于柳埠镇亓城村东南的咋呼泉。

试茶泉

试茶泉位于南部山区柳埠街道齐城峪南袁洪峪北侧山沟,海拔360.9米,因水质甘美,烹茶最宜而得名。

试茶泉自山崖下石罅中汩汩流出,流入长10米、宽5米的暗池中,又自三个溢水口流出,跌入长10米、宽4米的水池中,之后沿山沟入茶臼河。试茶泉所在的山峪与袁洪峪毗邻,峪内绿树成荫。经检测,泉水pH值为8.4,是优质弱碱饮用水。

清郝植恭《济南七十二泉记》云:"曰试茶,茗之瀹也。"明崇祯、

试茶泉　董希文摄

试茶泉

试茶泉泉池　董希文摄

清乾隆《历城县志》和清道光《济南府志》均有记载，称"其流飞泻，入茶臼河"。《水品》上卷"源"目中载："山东诸泉海气太盛，漕河之利，取给于此，然可食者少，故有闻名甘露、淘米、茶泉者指其可食也。"其中"茶泉"即试茶泉。1942年版《济南市山水古迹纪略》载："试茶泉，在历城南山中，茶臼河东壁，飞泻而下，其味甘冽，相传，春茶既成，以此泉试之，色味鲜美，吴兴徐献忠载入《水品》中。"清代济南诗人任弘远也为这泓泉水写过一首七言绝句："清清一派水澄鲜，中泠南陵恐未然。不有吴兴曾瀹茗，谁知空谷有甘泉。"

苦苣泉

苦苣泉位于南部山区柳埠街道袁洪峪北侧崖下，海拔366米，苦苣泉之名，源自民间传说。

唐朝末年，农民起义军领袖黄巢率军转战泰山一带，驻扎在黄草峪村（现改名为"黄巢村"）。黄巢有位武艺高强的女儿叫"苦苣"。当黄巢军遭到官府围剿时，她率领一队人马刚杀出重围，又遭阻截，起义军殊死抵抗，终因寡不敌众，全部阵亡。苦苣姑娘也身负重伤，昏死过去。当她醒来后看到起义军无一生还，痛不欲生，便一头撞向山崖。当地百姓含泪掩埋起义军尸体时，发现苦苣姑娘殉难之处冒出一股清冽的泉水。人们为纪念苦苣姑娘，便将此泉命名为"苦苣泉"。苦苣泉2004年被评入新七十二名泉。山东兰竹画院院长娄本鹤先生作诗一首："黄巢点将出曹州，兵败山中志未酬。爱女撞崖殉义处，芳魂化作碧泉流。"

明清时苦苣泉也被称作"莴苣泉"。明晏璧《济南七十二泉诗》曰："泉名莴苣一河清，万事咸由清苦成。瘠瘵不忘冰蘖操，菜根咬得见高情。"清代诗人张善恒作有《苦苣泉》诗："古峪传袁洪，名泉留苦苣。不逢解味人，临流谁共语？"清郝植恭《济南七十二泉记》云："曰莴苣，寒以苦也。"

苦苣泉为石砌圆井，直径0.7米，由玻璃板覆盖。泉边立有著名书法家蒋维崧题写的"苦苣泉"名碑，石壁上有苦苣泉简介。泉旁有韩复榘别墅遗址。为保护泉源，人们在泉眼处安置了铁质围栏。泉水出露形

苦苣泉

苦苣泉　董希文摄

涌泉泉群（上册）

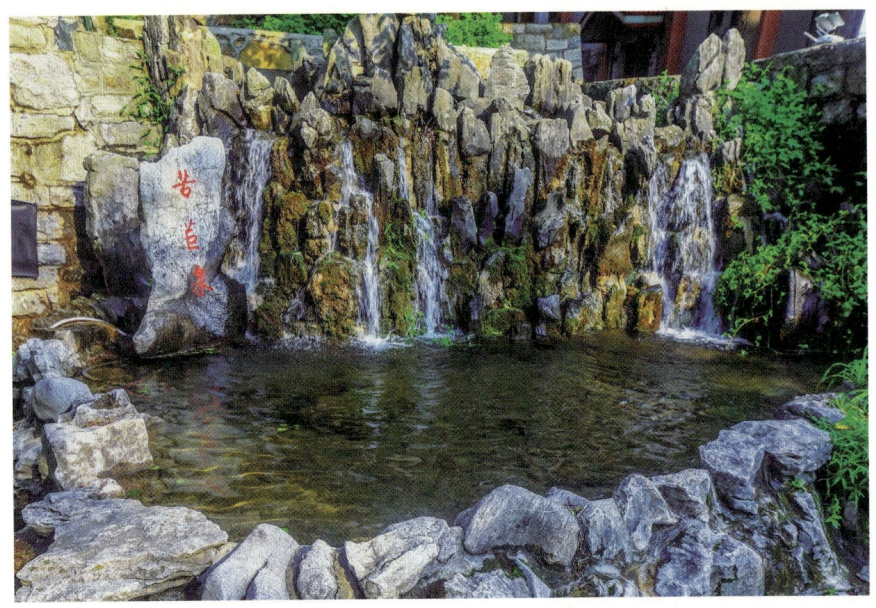

苦苣泉泉池　董希文摄

态为涌状，常年不竭。泉水自井下暗渠伏流入南侧院内涌出，由高 2 米、宽 3 米石叠假山上跌落至苦苣泉泉池，形成多处小型瀑布。假山上长满苔藓，池旁也立一"苦苣泉"石刻。假山、瀑布、泉池、石刻，相得益彰。泉水又经暗沟流入南侧游泳池，再经暗沟伏流向下 186 米跌入长 26 米、宽 20 米的水池中。池水一年四季清澈碧透，保持相对恒温。泉水自池中流出，经暗沟注入茶臼河，此泉也为锦阳川源头之一。

　　苦苣泉泉名虽冠以"苦"字，但由于此处地质结构为木鱼石，事实上泉水不仅不苦反而甘美。经检测，泉水 pH 值为 8.2，是上乘泡茶之水，并有灌溉之利。

琴泉

琴泉位于南部山区柳埠街道袁洪峪南侧山根，距离苦苣泉 120 米，海拔 355 米，因泉水滴声犹如琴韵而得名。

泉水自池底崖孔穴中流出，注入长 2.6 米、宽 1.5 米的石砌池中。池水清澈明净，水中绿藻漂动。泉水经暗溪流入池下浅井，自井壁滴入井中，发出叮咚悦耳的声音。井壁刻有"泉韵"二字。游人每到井边，无不俯身聆听琴泉发出的清脆的琴声，尤其在冬春季节，悦耳的声音更使人流连忘返。

琴泉为济南历史名泉，历代志书多有记载。明崇祯《历城县志》载：

琴泉泉井　董希文摄

涌泉泉群（上册）

琴泉周边环境　董希文摄

琴泉

"琴泉，苦红峪北。泉声滴夜如理丝桐，《齐乘》谓'泉甲天下''韵琴筑而味肪醴'，听此益信。"清郝植恭《济南七十二泉记》载："曰琴，流水之调也。"古人也多有诗咏。宋释文珦撰有《琴泉》诗："子期不可作，伯牙终绝弦。泠泠太古音，在此幽涧泉。泉流如碧玉，老僧听不足。后夜月明时，还向泉边宿。"清毛大瀛《续齐音一百首·琴泉》诗："苦洪峪外乱

琴泉泉池　董希文摄

泉鸣，中有天然太古音。凉夜好风听不厌，宛弹流水伯牙琴。"清王初桐也著有《琴泉》诗："苦洪峪口白云深，试听琴泉泉似琴。何必思贤寻旧谱，高山流水有清音。"

泉下是林木庇荫下的小溪，溪水层层叠瀑，流入茶臼河。泉旁有一石碑，碑上刻着济南沈明作《琴泉源池》一文。

元末神通寺弟子来袁洪峪中建寺，琴泉更以人传，名扬遐迩。至明初，袁洪峪因神通寺教案受牵被焚，人去迹灭。惟余琴等数泉，深山水长。明人薛瑄句曰："路入山门景便幽，高风不断石林秋。照人霜叶红于染，拂袖岚光翠欲流。"

避暑泉

避暑泉位于南部山区柳埠街道袁洪峪南岭山坳间,海拔 356.2 米。因此处山峦萦回,树木葱茏,一池泉水清碧绝尘,清风凉气袭人,是天然的避暑胜地,故得名"避暑泉"。

清郝植恭《济南七十二泉记》云:"曰避暑,清凉界也。"清乾隆《历城县志》曰:"避暑泉在莴苣泉西南,泉子峪西北,入茶臼河。"2004 年,避暑泉入选济南新七十二名泉。山东兰竹画院院长娄本鹤先生咏诗赞曰:"山深林茂水淙淙,树接荫连翠色浓。泉气清凉无夏日,人来三伏似秋冬。"

避暑泉　董希文摄

避暑泉

避暑泉泉边休闲凉亭　吕传泉摄

避暑泉周边环境　董希文摄

避暑泉处在以寒武纪砂砾页岩、石灰岩为主的沉积岩山体，山体表层有大量沉积物及浅层土壤。由于地壳运动和风化、侵蚀作用，山体存在各种节理，裂隙岩溶发育较多，松软的沉积物、土壤及岩石的垂直节理，加上植被茂盛，使降水下渗后形成风化裂隙水和岩溶水等地下水。因深处岩石透水性差，形成隔水层，地下水遇坚硬岩石阻挡，自山坳石罅中汩汩涌出。

泉水出露形态为涌流，常年不竭，流入半露于地上的封闭式圆池中，泉池直径 5 米，深 2.1 米。泉水又自石壁圆孔外泄，顺势西流汇入一半圆形水池。水盛时日涌量可达千余立方米，漫溢池外，经山溪注入茶臼河。经检测，泉水 pH 值为 8.5，属优质弱碱水，是泡茶的上品水。

自 2020 年以来，避暑泉泉池及周边环境得到了全面整治，标识系统也得到完善，休闲凉亭、观光廊架、绿植等泉水景观的增加，使避暑泉环境更加靓丽。泉池岸边杨柳依依，小桥流水，风光无限。池水在光线照射下，五颜六色，流光溢彩。置身泉边，仰望群山，只见巍峨黛绿，满山苍郁，荫翳的树木与灵动的古泉，构成一幅美丽的山水画卷。

戊圣泉

戊圣泉位于南部山区柳埠街道袁洪峪度假区上端山洞内，海拔402米。泉水在国防山洞内，该山洞为20世纪战略防空洞，现已废弃。人们开凿此山洞时发现该泉水量很大，随即修建蓄水池一座。

戊圣泉现为袁洪峪罗马山庄居民饮用水源。经检测，泉水pH值为8.4，是上好的弱碱饮用水。泉水一年四季常流不息，清澈碧透，经袁洪峪注入茶臼河，汇入锦阳川。

戊圣泉出水洞口　董希文摄

歇脚泉

歇脚泉位于柳埠街道赵官峪村东路边塘坝内，海拔422米，因泉水在柳埠通往泰安路边歇脚的地方而得名。

泉水自岩缝涌出，汇入石砌方形大口井。泉池直径12米，深10米，水位8米，由水泥板封顶，顶上建方形圆口取水口。泉水清澈，常年不竭。经检测，泉水pH值为7.7，是村民饮用水源，还可以灌溉500亩良田。水盛时自出水口流入井外塘坝，顺山势流下，入齐城茶臼河，后汇入锦阳川。

歇脚泉　董希文摄

五亩地泉

五亩地泉位于南部山区柳埠街道赵官峪村东五亩地，海拔441米，因在五亩地而得名。

泉池呈长方形，长15米，宽10米，深4米，水位4米，由水泥板封顶，顶上建方形取水口。泉水清澈，常年不竭。经检测，泉水pH值为7.6，是村民饮用水源，还可以灌溉200亩良田。泉水自池中溢出，顺山势流下，入茶臼河，后汇入锦阳川。

五亩地泉　董希文摄

九顶莲花山泉

九顶莲花山泉位于南部山区柳埠街道赵官峪村东南，海拔463米，因在九顶莲花山下而得名。

九顶莲花山是以页岩、石灰岩为主的沉积岩山体，山体表层存有大量沉积物及浅层土壤，植被茂密。由于地壳运动和风化、侵蚀作用，山体的水平节理、垂直节理明显，形成众多裂隙和岩溶。松软的沉积物、土壤及岩石的垂直节理，使降水下渗后形成风化裂隙水和岩溶水等地下水。因深处岩石坚硬，透水性差，地下水受重力作用，自赵官峪村东南侧石崖下的石洞岩缝中流出，跌入一自然心形水湾，形成水帘。水湾长2.6米，宽2.5米，深0.5米。泉水出水湾后流入泉外一蓄水池。该蓄水池长15米，宽10米，深2米。泉水清澈，常年不竭，是村民饮用水源，并有农业灌溉之利。经检测，泉水pH值为7.9，属优质弱碱饮用水。泉水自池中溢出，顺山势流下，入茶臼河，后汇入锦阳川。

九顶莲花山泉

九顶莲花山泉　董希文摄

安子泉

安子泉位于南部山区柳埠街道安子峪自然村,海拔441米,因在安子峪而得名。

泉在长13米、宽9米、深3米的水池内。泉池为石砌,呈方形,边长1.5米,深0.6米,水位0.6米。泉水自多处岩缝中流出,入内泉池,溢出后入泉外蓄水池,之后顺山势流入柏树崖水库,最终汇入锦阳川。泉水清澈,常年不竭,是村民饮用水源,并有农业灌溉之利。经检测,泉水pH值为7.8,属优质弱碱饮用水。

安子峪自然村现有20余户村民,其中6户生有龙凤胎,村民认为与喝安子泉水有关。

安子泉　董希文摄

长寿泉

　　长寿泉位于南部山区柳埠街道安子峪自然村西大堰下，海拔452米，村民因喝此水多长寿者，故称此泉为"长寿泉"。

　　泉池为石砌，呈方形，边长1.5米，深0.8米，水深0.6米。泉水自岩缝中流出入蓄水池，之后溢出，顺山势流入柏树崖水库，最终汇入锦阳川。泉水清澈，常年不竭，是村民饮用水源，并有农业灌溉之利。泉池周边杨树成林，郁郁葱葱。经检测，泉水pH值为7.7，属优质弱碱饮用水。泉边有村民养殖蜜蜂，村外有两座水库。

长寿泉　董希文摄

卧龙池

卧龙池，古称"龙居泉"，位于南部山区柳埠街道卧龙池村南侧长城岭脚下，因处于形似卧龙的山梁而得名。

卧龙池（龙居泉）名列金《名泉碑》。明晏璧《济南七十二泉诗》诗曰："东望扶桑海岱连，澄潭月冷水涓涓。钓竿一拂珊瑚树，惊起潭心龙夜眠。"清代诗人张善恒作《龙居泉》诗："历乱苔花浓，稳护蛟宫寂。有时细雨来，误说龙涎滴。"明《齐乘》称其在"长城岭西"。清道光《济南府志》载："龙居泉在长城岭下。"民国《历城县乡土调查录》则较具体地称"龙居泉在长城岭西北，茶臼河上流"。

卧龙池所处岩石多为质地坚硬的花岗岩（火成岩）、花岗片麻岩（变

卧龙池景观　董希文摄

卧龙池

丰水期的卧龙池　董希文摄

卧龙池出水口　董希文摄

质岩），表层有少量沉积岩。花岗岩山体受地壳运动作用，存在多处断裂和各种节理，山体表面风化，加之山上植被茂盛，雨季能涵养大量水源。降水入渗后储于断层和裂隙中，因深处裂而无隙，入渗水随山坡重力方向向下流动，在长城岭西北侧的石罅中流出，经暗溪流入卧龙池，之后又经山溪入茶臼河。

雨季卧龙池泉水旺盛，形成三叠瀑布，十分壮观。为保护泉池、打造景观，村委会在卧龙池前修建方形水池，并在池上建竹木结构的水榭，供人们休闲、观赏。泉水在池下一石雕龙首口中流出，入葫芦形浅水池，之后流入茶臼河。凉亭一侧立"卧龙池"石刻一通。泉池前建有休闲小广场，小广场东有一盘石碾，北有一棵大柳树，西侧便是茶臼河源头。卧龙池平时细流涓涓，雨季开泉，腾突喷涌，是锦阳川源头之一。

新龙居泉

新龙居泉位于南部山区柳埠街道里卧龙池村，海拔562米。因卧龙池古称"龙居泉"，2020年泉水普查时，为与其区分，故称此泉为"新龙居泉"。

泉水自石岩缝中流出，入村西巨石下自然水湾，之后溢出，顺山势流入柏树崖水库，后汇入锦阳川。该泉盛水期水量很大，泉水清澈，常年不竭。经检测，泉水pH值为7.7，有农业灌溉之利。

泉边有玲珑的假山，泉外溪水成瀑，景致独特。

新龙居泉　董希文摄

新龙居泉周边环境　董希文摄

山脉泉

山脉泉位于南部山区柳埠街道里卧龙池村东北路边山沟内,海拔535米,因在松峰山脉脚下而得名。

泉水自巨石缝中流出,入自然水湾,之后溢出,顺山势流入外卧龙池,后汇入锦阳川。泉水出露形态为涌流,水量较大,四时不涸。泉上核桃树成林,泉边山溪成瀑,哗哗作响。泉右上方有一巨石,巨石上刻有"福"字。据村民说,喝到山脉泉水者都是有福之人。

山脉泉西200米大堰根处也有一泉,村民称之为"开心泉",该泉池呈井形。井内由乱石砌垒,井口直径0.8米,井深3米,水位2米。泉水四时不涸,为村民饮用水源。

山脉泉　董希文摄

穆家泉

穆家泉位于南部山区仲宫街道穆家村西南约1公里处，海拔203米，因处于穆柯寨山下的穆家村而得名。

泉水自红页岩缝隙流出，出露形态为线流，四季不涸。村民通过输入水管将泉水引至路边，方便接水饮用。经检测，泉水pH值为8.2，为优质弱碱饮用水。因水质好，周边村民纷纷前来接水。近年来，也多有城区市民来此排队接水。

穆家村是红荷包杏的主要栽培区，每逢春分时节，这里便成了网红打卡地。杏花盛开时节，漫山遍野犹如花海。繁花与穆柯寨山、卧虎山水库形成一幅天然画卷，美不胜收。

市民前来穆家泉排队接水　董希文摄

幸福山泉

幸福山泉位于南部山区仲宫街道穆家村南池塘南侧石堰内，海拔209米。因泉水量大，水质好，可供300余户村民吃水、生活幸福而得名。

泉在大堰内，呈池形，泉水出露形态为涌流。20世纪60年代，村民在石堰内建一小型水池，洞口用青石做一券门，券门上用石头组合成一五角星，其下方刻有"幸福山泉"。为防止水源被污染，村民将洞口堵上，用水管将泉水引入村中。其余泉水流入泉外大型水湾，用于农业灌溉。经检测，泉水pH值为8.1，呈弱碱性。泉边种植果树，以杏树、桃树、梨树为主。春季，这里是花的海洋，夏秋季节，则是一派果实累累的丰收景象。

幸福山泉　董希文摄

鸡刨泉

鸡刨泉卧位于南部山区仲宫街道北草沟村西南半山坡，海拔318米，传说是鸡刨食时刨出的泉。

泉水出露形态为渗流，水量不大，四时不涸。泉水自山坡中流出，流入一处3米见方的石砌水池。泉水通过水管引入村中，供村民生活和灌溉之用。

据传，明末清初，有姓李的人家为躲避战乱和灾荒，搬来大虎山下的石屋里居住。除了此处有大虎泉可供其生活用水外，他家的鸡在觅食时又刨出来一眼泉，这眼泉便名为"鸡刨泉"。因为有泉水浇灌粮菜、养猪喂鸡，生活还算安逸。后来，鸡刨出的这泓泉水也被村民利用起来。

鸡刨泉　董希文摄

大虎泉

大虎泉位于南部山区仲宫街道北草沟村西南峪大虎山山腰，距北草沟村 3 公里，海拔 347 米，因泉水声大如虎啸而得名。

该泉无泉池，属季节性泉，汛期开泉。泉水出自山腰天然溶洞之中，出露形态为涌流。溶洞高 2 米，宽 3 米，深 6 米。洞口由人工砌垒，高 1.2 米，宽 0.5 米。雨季，水大似河，自洞内涌出，如虎咆哮，浩浩荡荡流向卧虎山水库，故当地村民也称之为"咋呼泉"。现村民将泉水引至山下村南一水池，既是村民饮用水源，亦可灌溉百亩农田。经检测，泉水 pH 值为 7.6，呈弱碱性。

大虎山深岩绝壑，峭拔雄奇。大虎泉喷涌如瀑，水花四溅。山下果树成林，春华秋实，风光无限。

盛水期的大虎泉　董希文摄

王府井

王府井，又叫"王府官井"，位于南部山区仲宫街道王府村中部路旁，因在王府村而得名。

该井系老井，据村民讲是建村时所挖，深 8 米。井口由大块料石砌成，呈方形，安装有辘轳。泉水出露形态为线流，大旱不枯，汛期不溢，常年有水，清澈甘甜。经检测，泉水 pH 值为 8.1，呈弱碱性，是村民饮用水源之一。

王府井　董希文摄

程家泉

程家泉位于南部山区仲宫街道王府村东北 300 米处，海拔 179 米。泉池虽在王府村，但自古王府村没有程姓，故程家泉泉名的由来待考。

泉为椭圆形井池，泉水自井下涌出，出露形态为涌流，水量极大。据村民潘忠实介绍，即使在最旱的冬春季节，此泉出水量也可达 16 立方米/小时，而在夏秋季节出水量达 300 立方米/小时。水大时自井北溢出，流入卧虎山水库。经检测，泉水 pH 值为 7.8，呈弱碱性。在未修建泉井之前，泉水自木鱼石石罅中涌出，潴为小潭，再由潭中往上涌，形如莲花。泉池周边长满白蜡、芦苇等植物。

盛水时的程家泉　董希文摄

程家泉

程家泉泉池　董希文摄

　　程家泉井池建成于1965年。时任王府村党支部书记的潘忠田先生当年带领全村村民奋战两个冬春，靠肩扛车推挖土1万多立方米，又在周边山坡开采木鱼石，砌成了直径22米、深约15米的椭圆形井池。而后他们在井池的北边又开挖坑道，修建台阶直达井底。水满时可由坑道泄出，水少时村民可到井底汲水。村民在井池的西南上方还修建了石砌水渠，用于浇灌农田。井池建成的第二年，虽遇大旱，但王府村用此水灌溉麦田，取得了小麦大丰收。现在，程家泉仍能灌溉良田200余亩。

　　王府村自古就是一个山泉环绕、风光秀丽的小山村，难怪明朝探花王敕来此建了府第。据王府村老人讲："王府村是因为早年'王探花'在此建王府而得名。现在村西头仍有王府遗址，村民叫它'西阁楼'，在村北还有王家的墓地。"

梨峪泉

梨峪泉位于南部山区仲宫街道王府村西梨峪，又名"四清泉"，海拔295米，因在梨峪而得名。

泉水自山脚大石崖下石缝中流出，出露形态为渗流，常年不断流，入自然水湾后经水管流入长2米、宽1.2米、深2米的泉池。泉池上方石堰上有一小石刻，上镌"四清泉"。泉水又经水管输至泉池外30米处的圆形蓄水池。蓄水池直径12米，深2.5米，可用于农业灌溉和观赏。

梨峪泉及周边环境　董希文摄

梨峪口西泉

西泉位于南部山区仲宫街道王府村西梨峪口，海拔227米，因在王府村西而得名。

泉水出自红页岩溶洞中，出露形态为渗流，汇入村民用水泥砌筑的小坝中，形成小水湾。湾内常年有水，村民用水管将泉水引入一圆形水池中，用来灌溉农田。汛期，泉水溢出小水湾，流入卧虎山水库。

村西的葫芦台东南山坡也有一泉，按其方位该泉也被称为"西泉"。泉周围杂草丛生，比较荒芜。泉池呈方形，由乱石砌垒，边长1.2米。

梨峪口西泉泉眼　董希文摄

葫芦台东南西泉泉池　雍坚摄

2020年泉水考察时,乍看无水,大家都误以为泉源干涸,但揭开池上的预制板,可见下面还罩着一个小池,池里面泉水清澈。经检测,该泉水pH值为8.1,呈弱碱性,是村民饮用水源之一。

据介绍,一般情况下,位于葫芦台东南山坡的西泉在旱季只有池中小池有水,雨季泉水则能从小池涌出。泉池一侧的蓄水池,用以浇灌农田和树木。

西老泉官井

西老泉官井位于南部山区仲宫街道西老泉村口，分下井（东井）、上井（西井）、中井（南井）三口古井。

下井在村东头路边，又叫"东井"。该井呈椭圆形，井深20米，井口为方形，上置铁制辘轳。

下井（东井） 董希文摄

井边辘轳 董希文摄

上井在村西头，又叫"西井"，井呈圆形，井深23米，井口为方形，上置辘轳。

中井在村南河边，又叫"南井"。井壁为石砌，井呈椭圆形，深22米。井口由水泥板掩盖，留有两个取水口，井上安装有辘轳。夏秋季节，水面距离井口只有1米。

三个泉井的水清澈甘洌，pH值为7.9，均呈弱碱性，系村民饮用水源，井内均有提水设施。

上井（西井）　董希文摄

中井（南井）　董希文摄

西老泉梨峪泉

梨峪泉,又写作"犁峪泉",位于南部山区仲宫街道西老泉村西南1公里环山路的南侧山坡,海拔288米。泉水自红页岩缝隙中流出,出露形态为线流,经输水管道流入路北长12米、宽5米、深2.5米的蓄水池。蓄水池主要用于农业灌溉,在干旱少雨季节发挥较大作用。经检测,泉水pH值为8.0,属弱碱水。

梨峪泉 董希文摄

老仙泉

老仙泉，又名"灵泉""西老泉"，古时称"云仙泉"，海拔287米，位于南部山区仲宫街道西老泉村东山坡一个叫"东养坡"的地方，故该泉也被称为"东养坡泉"。传说，云仙真君在此仙居200年，曾饮用此泉水，故此泉水得名"老仙泉"。古时西老泉村因泉而得名"老仙泉庄"。

泉水在自然岩洞中，由多处红页岩缝隙中流出，出露形态为线流，山上植被茂密，涵养水源丰沛。泉水四季不涸，清澈甘洌。泉水流出后入洞内自然水湾，之后分两路流出，一路被引入村中供人畜饮用；另一

老仙泉周边环境　董希文摄

老仙泉

老仙泉　董希文摄

路流入外侧长 30 米、宽 12 米、深 3 米的椭圆形水池中，用于农田灌溉。

2020 年以来，西老泉村党支部组织村民开挖泉口，优化环境，提升景观，维修蓄水池。村民们不仅清除了洞内淤土，扩大了洞内空间，还疏浚了泉口，使本来两股泉水增加到数十股。同时用青砖砌垒洞口，留有小门出入，并在泉水出水处放置饮水纸杯，供游人饮水之用。门口上方刻有著名书画家康庄先生书写的"老仙泉"匾额，洞外一方巨石上也刻有康庄先生书写的"仙泉流韵"四个大字。洞口外修有甬道和台阶直通路边，方便游客赏泉、汲水。村民对泉下蓄水池也进行了维修，在泉水入池处也设接水口。前来汲水的市民络绎不绝。

老仙泉的来历与一通石碑有关。西老泉村村口有一四柱凉亭，曰"云仙亭"，亭内立石碑一通，碑的正面刻篆文"云仙真君之显位"，碑中记载的云仙真君与老仙泉有着千古渊源："云仙，于泰山之阴择灵泉而居。渴饮灵泉水，饥食泉中鱼。凡百二十载，道业日隆，几近于道，常显神通，

老仙泉泉池　董希文摄

救济山民，得名云仙真君。""灵泉"当属今老仙泉，云仙真君在此仙居200年，救济山民，深得人们的爱戴。碑阴书："云仙真君，西老泉庄潜心修养，得大道者也，老辈人盛赞真君疗病治伤之义举，安境爱民之功德，曾立碑以颂之，惜毁之于'文革'，今人为发扬真君之高风，踊跃出力捐资，重立真君之丰碑，为彰显立碑者之善举，铭刻如此（捐款人略）。"

涝泉

涝泉位于南部山区仲宫街道西老泉村东南李家峪老泉岭北面，距离长清界500米，海拔319米。因泉水常年流淌，周边植物生长茂盛，此处形成一小片沼泽地而得名。又因泉在李家峪，故又叫"李峪子泉"。

涝泉是古名泉。明崇祯、清乾隆《历城县志》和清道光《济南府志》均著录，称其"在涝泉岭后"。泉水出露形态为线流，自红页岩缝隙流出，流入小水池。经检测，泉水pH值为7.9，呈弱碱性，四季不涸，用于农业灌溉。

20世纪90年代，西老泉村一妇女清早前来取水，突然发现泉边有一条比她挑水的扁担还长的大蟒蛇，该妇女受到惊吓，回家后不

涝泉　董希文摄

涌泉泉群（上册）

泉下蓄水池　董希文摄

敢出门，不久抑郁而死。从此，该泉很少有人前来取水。2021年，西老泉村整治泉边环境，在泉眼处建一地下水池，并用水管将泉水引至泉下150米处直径5米、深2.3米的圆形蓄水池。因涝泉常年流淌，该蓄水池四季有水。有了泉水的滋润，周边果树生长旺盛，连年丰收。

东老泉

东老泉位于南部山区仲宫街道东老泉村东南，海拔271米，因在东老泉村而得名。

泉井为石砌长方形，长2.8米，宽1.5米，深5.8米。泉水出流明显，出露形态为线流，在井底泠泠作响，为村民主要饮用水源。泉井上有提

东老泉　董希文摄

东老泉周边风光　董希文摄

水设备及管护房。

　　据东老泉村党支部书记李洪福介绍，此泉开凿时间很早，有数百年的历史，过去是全村人的主要饮用水源，现在附近20余户村民通过潜水泵来取用。泉水自木鱼石石缝中流出，富含人体所需的微量元素，附近饮用该水的居民长寿者很多，经检测，泉水pH值为8.1，呈弱碱性。

东老泉官井

官井位于南部山区仲宫街道东老泉村内,过去是村民饮用水源,故称"官井"。因官井位于村西部,又名"西井"。

泉水出露形态为渗流,四时不涸,清洌甘甜。井上装有辘轳。村民为保护泉井,在井边砌筑一高0.8米的平台,并建一四柱凉亭。东老泉村有古井四眼,分别位于村东、西、南、北。四眼泉井水质都非常好,经检测,泉水pH值均为7.6,呈弱碱性。

东老泉官井　董希文摄

八亩井

八亩井位于南部山区仲宫街道东老泉村西,海拔 227 米,因在八亩地而得名。

泉井呈椭圆形,泉水在井下石缝中涌出,出露形态为涌流,常年水量较大。经检测,泉水 pH 值为 7.6,呈弱碱性,是村民饮用水源之一。20 世纪 70 年代,在原井基础上扩建的泉井由青石砌垒,直径 8 米,深 10 米,可灌溉良田百余亩。

东老泉村西另有一井,该井因在九亩地,故称"九亩井",相传是早年间先民淘金时打出的一眼井。井深 3 丈,在青石上开凿而成,因泉水流量不大,现已弃用。

八亩井　董希文摄

如意泉

如意泉位于南部山区仲宫街道张家村南锦云川南岸，海拔 171 米，因在如意山下而得名。又因泉在村南，水温较高，又叫"南温泉"。

泉水四季涌流，水量较大，是村民饮用和生活用水。泉水自池内涌出，流入锦云川。2011 年村委会带领村民在泉水出露处修建了一座长 22 米、宽 10 米、深 6.5 米的蓄水池，并为其取名"民心池"。蓄水池由木鱼石砌垒，池内有村民安装的数根水管，泉水可通过水管引入村民家中，也有大型抽水设施为农业灌溉提供便利。

泉东为如意山，山下锦云川河道四季流水潺潺，泉池北侧有明弘治十四年（1501 年）创建的五圣堂。

民心池　董希文摄

西柳泉

西柳泉位于南部山区仲宫街道张家村西卧虎山滑雪场北侧,海拔239米。因泉在村西,并且泉边长有柳树而得名。

泉水出露形态为线流,自山坡石崖下流出,入直径3.5米的自然水湾,之后经明渠流入下方长6米、宽3米、深2.5米的泉池中。泉水常年流淌,雨季水量较大时溢出水池向东流入锦云川。经检测,泉水pH值为8.1,呈弱碱性,是村民饮用和农田灌溉水源。

西柳泉　董希文摄

圣池泉

圣池泉位于南部山区仲宫街道北道沟村圆通山下普门寺遗址,海拔278米,因地处佛门圣地而得名。传说有一高僧常饮此水而得道成仙,故圣池泉又名"圣水泉"。

圣池泉,明崇祯、清乾隆《历城县志》和清道光《济南府志》均著录,称"圣池泉在普门寺山门外,清冽澄洁,一方攸赖"。泉池为石砌,呈方形。池岸围以雕刻精致的石栏,池旁墙壁上嵌"圣水泉"石刻。泉水出露形态为线流,自池壁石雕龙口中吐出,汇为清池。泉水盛时溢出池外,沿古石板路涓涓流下,汇入锦云川。泉水清冽

圣池泉　董希文摄

圣池泉泉边千年银杏树　董希文摄

甘甜，经检测，pH 值为 8.1，呈弱碱性，是较好的饮用水。

距泉池 30 米处有雌雄两株古银杏树，树围 5 米，树高 25 米，虽经 1500 年的风霜雨雪，仍枝繁叶茂，倔强峥嵘。每至仲秋，满树的银杏和金黄色的树叶，金光灿灿，煞是壮观。

圣池泉原为普门寺僧人用水，泉北侧为普门寺遗址。现存明代《重修普门寺》石碑一通。碑上记载，普门寺乃五祖及师积功累德之处。由此可知普门寺历史悠久，在我国佛教寺院中的地位非同一般。清乾隆《历城县志》载："普门寺，在道沟内，崇祯十七年，张洪重修。"

圣池泉北面有一座大山为穆柯寨，相传是穆桂英操练兵马之地，山顶处有当年穆桂英竖旗杆、练骑兵留下的旗杆窝、马蹄窝等古迹。泉上为圆通山，山高崖险。山腰间有天然石棚，棚内石壁上雕有佛像三尊。

官井

官井位于南部山区仲宫街道北道沟村内，海拔 221 米。因泉井为村民共用，故名"官井"。

泉水自井底石隙出流，出露形态为涌流。泉井为石砌方口井，井口长 0.85 米，宽 0.65 米，井深 8 米。井口之上架设着汲水用的辘轳。泉水甘洌，四季不涸，旧时是村民主要饮用水源，水盛时水面距离井口只有 1 米。

官井坐落在长 7 米、宽 5 米、高 1 米的平台上。平台西、南两侧各立一通石碑，南侧为清光绪十一年（1885 年）所立，西侧为光绪三十年（1904 年）所刻。两石碑记载着当年打井、淘井的始末及捐资人姓名。平台南边的银杏树是

官井井口　董希文摄

官井 董希文摄

2005年村民朱永夏所栽，现树围0.7米，高约10米。平台北边一株柏树是2013年村民朱振树所栽，现树围0.4米，高约7米。之前，此处有一棵黄栌树，据说有数百年历史，由于树干空心，于2010年被大风刮倒。平台北头下方有大石槽，村民在此汲井水濯衣洗菜。平台的东墙上有两块长1.15米、高0.65米、雕刻精美的石块，据说这两块石块是普门寺遗物。平台周边为高0.3米的矮台，每天都有村里的老人在此闲坐聊天。据村民介绍，过去村民遇到纠纷争执之事都会说："走，咱到官井上去拉拉。"现在，这里仍是村民聚集谈天说地的"露天公共议事厅"。

涌清泉

涌清泉位于南部山区仲宫街道贾家村西三媳妇山下，海拔349米，因泉水四季喷涌、清澈甘洌而得名。

明崇祯、清乾隆《历城县志》和清道光《济南府志》皆载，称其"在涝泉峪东石崖内，流入锦云川"，今失考。2021年泉水考察队发现泉西山后即老泉峪，泉水沿道沟峪河道流入锦云川，故推断该泉即涌清泉。泉水东侧过去有姑子庵，当年此泉为姑子庵用水。

泉水自红页岩缝隙流出，出露形态为线流，经暗溪流入一长12米、宽5米、深4米的水池中，村民用水管将泉引入村中饮用，此泉也用于灌溉农田。经检测，泉水pH值为8.1，呈弱碱性。

涌清泉　董希文摄

石锅泉

石锅泉位于南部山区仲宫街道南道沟村西北,海拔 390 米,因泉池似石锅而得名。

泉水自石崖下石罅中多股流出,出露形态为线流,流入长 3.5 米、宽 3 米、深 0.55 米、人工开凿的锅形石坑。泉水四季不涸,清洌甘甜,

石锅泉　董希文摄

双龙桥　董希文摄

pH 值为 8.0，为村民生活用水和农业灌溉用水。泉水流出石坑，经道沟河流入锦云川。

　　石锅泉三面石崖高数十米，崖上树木遮天蔽日。泉外有单孔古石桥一座，额曰"双龙桥"。此处，峭壁云峰，俨若画屏，涧壑幽邃，禽鸟飞鸣，春涧野花，流水无声。夏秋季节游人纷至，休闲观光，听泉品茗。

西泉子

西泉子位于仲宫街道南道沟村西60米,海拔302米,因在村西而得名。

泉水自木鱼石缝隙中流出,出露形态为线流,流入长10米、宽4米、深2.2米的泉池。泉水水量不大,但四季长流不息,系村民赖以生存的水源。泉池多半在料石券顶的半地下,只有少半露天,这样有效地保护了泉水。据老人讲,无论天气如何干旱,泉水都从未断流过。水大时流入道沟河后汇入锦云川。经检测,泉水pH值为8.0,为优质弱碱性山泉水,吸引不少市民前来汲水。

西泉子　董希文摄

孟家泉

孟家泉位于南部山区仲宫街道南道沟村南活岩山下孟家台,海拔409米。因泉水自红页岩缝隙中呈三股水流出,故又称"三股泉"。

明崇祯、清乾隆《历城县志》和清道光《济南府志》均称"孟家泉,在涝泉峪东,入锦云川",久之失考。2020年泉水调查时发现,泉水出露形态为线流,自红页岩缝隙中分三股流出,流入1米见方的小水池,又流入长12米、宽6米、深5米的水池。村民用水管将其引入村中饮用,此泉也用于农业灌溉。泉水虽不大,但四季不涸,口感甘洌,过去大旱

孟家泉　董希文摄

重修大乘寺残碑的下半部分　董希文摄

之年，其他泉水基本断流，只有这泓泉水不断流淌，遂被当地百姓视为"神水""救命水"。

泉西有大乘寺遗址。大乘寺残碑碑文载："历城重修大乘寺记……境胜可以栖禅，民勤土沃可以为食息所托。自古及今凡遯世乐静者，莫不皆然也。框于□□驮山其寺地，山势环拱，南接岱岳，诚远市乐禅之佳趣也。寺起于□□□间，有大乘寺主山五字为可验证。正统间有僧慧宽主是寺而维修……于是，园植以果，畦莳以蔬瓜，山之原可耕可耨之……寺昔毁于兵火。据查，碑文的书写者王允，是明朝正统年间济南府有名的作家，由此可看出大乘寺在当时的地位甚高，同时也明确了大乘寺重修的时间应该是在明朝正统年间。

上水泉

上水泉位于南部山区仲宫街道马家村南杨家寨之阴，悬崖峭壁之下，海拔487米。泉因海拔较高而得名。

泉水自山崖下木鱼石缝隙中流出，出露形态为线流，集于小水池中，清碧绝尘，常年不涸，清澈甘洌，是村民主要饮用水源。泉池北侧石崖之上有石刻一通，上镌"上水泉"三个大字。村民讲："常饮此水祛病

上水泉　董希文摄

健体，延年益寿，周边村超过90岁的老人很多。"此处山峦萦回，树木葱茏，空气格外清新。夏秋季节泉水沿石崖涌流如瀑，形成天然水帘，冬季则形成大冰瀑，十分壮观。2013年人们重新打造泉水景观，用木鱼石修建了长5米、宽3米、深1.5米的蓄水池，并在石崖下泉水出露之处和水池周边安装了石质栏杆，同时在泉边栽植了银杏树，用石板铺了路面。经检测，泉水系天然弱碱水，一年四季前来汲水的居民络绎不绝。

上水泉为历史名泉，明崇祯《历城县志》、清康熙《济南府志》、清乾隆《历城县志》、清道光《济南府志》、清聂剑光《泰山道里记》等书均著录。明崇祯《历城县志》载："上水泉，杨家寨后，泉气阴森，沁人肌腑。"

老泉眼

老泉眼位于南部山区仲宫街道尹家店村,济南战役山东兵团指挥部旧址西侧,海拔212米。泉水在建村时就有,是老泉子,故得名"老泉眼"。由于自古以来泉水从未断过,因此又名"不老泉"。

泉水出露形态为渗流,自井下岩缝流出,口感甘甜,四时不涸,供村民饮用。泉井深3.5米,井壁有出水口,泉水经暗溪流向泉南20米处的蓄水池。蓄水池长12米,宽8米,深3米,用于村民濯衣洗菜和农业灌溉。

老泉眼井口　董希文摄

老泉眼水池　董希文摄

据村民周学田讲，1948年9月20日至27日，济南战役山东兵团指挥所就设在尹家店。当时这里四面环山，树木遮天，有老泉眼等众多山泉汩汩流淌，不仅水量大而且水质优良。

据说，该泉还有一个有趣的故事。很早以前，该村不管谁家有红白喜事请客，需要锅碗瓢盆等家什，头一天傍晚村民到泉边摆上贡品，点上纸，烧上香，需要多少求多少，第二天碗盆就从泉中漂来。村民用完后再将家什如数送回。但是，有一年村里的一家贪心财主家办丧事，求了碗盆用后没有送回去。从此，村民再也求不到碗盆了。

北池泉

北池泉位于南部山区高而办事处汤家庄村北河道西岸田堰之上,海拔218米,因泉在村北而得名。

北池泉无泉池,泉在石堰上端的石洞中流出,出露形态为线流,汩汩翻涌,终年不息。雨季水量颇大,旱季水量较小。泉水出洞口后跌入锦云川河道。这里芦苇、卧石、清流和两岸的杨柳相得益彰,俨然一幅优美的水墨画。

此泉也被村里人叫作"九女泉"。传说,有一天,王母娘娘到泰山的瑶池仙洞和各路神仙聚会,美丽的九天仙女们跟随王母娘娘一同前去。她们驾着祥云在泰山周围游玩时,被汩汩作响的泉水所吸引,于是她们便来到由平坦而光滑的青石板形成的水潭边戏水、沐浴。此泉由此而得名"九女泉",泉西之山得名"九女寨"。

北池泉　董希文摄

水池泉

水池泉位于南部山区高而办事处汤家庄东石桥南侧，锦云川畔，海拔214米，因在水池中而得名。

泉水自一石砌方池的南壁岩缝汩汩翻涌而出，出露形态为涌流，水势旺盛，终年不息。池水清澈甘洌，穿过池壁注入锦云川。为保护泉源，村民修复了泉池，泉池顶部留有取水口，平时用水泥盖封盖。泉池上修建木质凉亭、护栏，既保护泉水又增加美观性。池外修一长5.6米、宽4米、深1.2米的浅水池，方便村民濯衣洗菜。泉池西侧是518县道通往汤家庄的七孔石桥。石桥虽历经沧桑，但坚固如初，横跨在锦云川河道，十分壮观。

水池泉　董希文摄

双虎泉

双虎泉

双虎泉，又叫"双白虎泉"，位于南部山区高而办事处东沟村子房峪铜壁山下，海拔 268 米。

泉井有南、北两眼，泉井上均建有凉亭，井口直径 0.8 米，有高 0.3 米的井台，上书"双白虎泉"。两泉井相距 15 米，分列于一株树龄数百年的黄楝树两侧。

两泉井西 20 米处也有一泉井，井深 7.9 米，水深 1.6 米。泉水常年不涸，汛期接近井口。泉井旁立 1942 年《重修官井碑记》碑。传说浸润过黄楝树根的泉水，饮之可祛病。

泉北铜壁山葱茏峻拔，山下有子房庙古迹，山上有子房洞。清乾隆《历城县志》记载，"锦云川再北流，又北经扶山（铜壁山），扶山上

双虎泉　董希文摄

| 涌泉泉群（上册）

双虎泉与黄楝树　董希文摄

有三洞"，其中"子房洞深数里许，下有地河，好奇者每探之闻水声潺潺，则不敢渡矣"。明崇祯九年（1636年）所立《子房洞创建楼阁帝像记》碑记载，这里"前有泰山作翠案，后有趵突喷龙珠，左有仙迹点缀，右有灵岩翊芳"，并且"青龙巽双泉，白虎俯象踏"。

杨家井

　　杨家井位于南部山区高而办事处西沟村南约 800 米，锦云川河道西侧，海拔 209 米，原为天然石坑。相传，此井是大宋杨家将在杨家寨驻扎练兵打仗时而砌，故称"杨家井"。

　　泉井为石砌，井口呈圆形，直径 1.2 米，井深 3.5 米，水位 3 米。井水常年不涸，乡民汲此为饮。水盛时漫溢井外，经水渠东流，注入锦云川。

杨家井及锦云川河道风光　董希文摄

天帘泉

天帘泉位于南部山区高而办事处西沟村泉子峪，距离西沟村 2 公里，海拔 390 米。因夏秋季节泉水自石崖上方滴流如瀑，形成一排水帘而得名。

泉从杨家寨东侧的石崖下石罅中流出，石崖长 30 米，高 6 米。村民在石崖下修建两个水池，其中一个水池长 18 米，宽 8 米，深 3 米，供村

天帘泉　董希文摄

天帘泉

天帘泉　董希文摄

民饮用和农业灌溉。泉水四季不涸，清澈甘甜。经检测，泉水 pH 值为 8.0。此处大有"蝉噪林逾静，鸟鸣山更幽"的意境，夏秋季节游人纷至，休闲观光，听泉品茗，流连忘返。村民在泉边建起农家乐，用泉水沏茶、做饭，很受游客的欢迎。

双泉

双泉位于南部山区高而办事处孙家崖村北 400 米 518 公路东侧石崖下，海拔 230 米。因泉水有南、北两个泉眼，自岩缝并列竞流，似二龙喷水而得名。双泉南距咋呼泉 150 米，北侧 100 米处有文泉。

清聂剑光《泰山道里记》著录双泉，称"锦云川水东北流，左会百花泉水。又北左会双泉水"。泉水出露形态为涌流，常年不竭，水量较大，流入大塘坝中。塘坝东岸杨柳婀娜多姿，雨后或清晨，塘坝云雾缭绕，如仙境一般。泉水之上，悬崖峭壁，怪石嶙峋，奇花异木，如诗如画。此泉冬暖夏凉，泉水甘甜润口，不少村民来此汲水饮用。

双泉　董希文摄

咋呼泉

咋呼泉位于南部山区高而办事处孙家崖村北约 260 米 518 公路东侧石崖下，双泉南 150 多米处，海拔 233 米。汛期泉开，泉水自陡峭石壁洞中喷涌而出，声音甚大，故得名"咋呼泉"。

咋呼泉没有泉池，出露形态为涌流，泉水自石洞涌出后直接流入下方塘坝，后汇入锦云川。经检测，泉水 pH 值为 7.8，呈弱碱性，是较好

咋呼泉　董希文摄

咋呼泉瀑布　董希文摄

的饮用水。咋呼泉为季节性泉，每年喷涌时间长达三个月，一旦开泉，泉水喷薄而出，浩浩荡荡。泉水自岩壁流下，形成三帘瀑布，水花四溅，甚为壮观。盛夏季节，前来听泉、观瀑者络绎不绝。

文泉

文泉位于南部山区高而办事处孙家崖村北锦云川主河道西岸石崖下,海拔231米,因泉边有一形似一叠书本的巨石而得名。

泉水无泉池,出露形态为涌流,终年不断。泉水自石罅中涌出,入自然水湾,湾中鱼蟹畅游。泉旁锦云川河道,流水潺潺,景色宜人。泉水通过抽水设备引至村民家中,供生活用水。

文泉　董希文摄

青龙泉

青龙泉位于南部山区高而办事处北高而村东南青龙峪上端，海拔261米，因在青龙峪而得名。

泉池呈长方形，为地下式蓄水池，泉水自水池东南角石孔中流出，出露形态为线流，之后自一人工砌垒的石板上流出，四时不竭，汛期水量较大。泉水甘甜，饮之沁人心脾。经检测，泉水pH值为7.8，属弱碱水。泉池下方30米处有一大型蓄水池，用于农业灌溉。

青龙泉　张振山摄

北高圣水泉

圣水泉位于南部山区高而办事处北高而村南锦云川南岸观音殿旧址，海拔233米，传说为神赐，故得此名。

泉池位于北高文化广场，泉池旁立有清咸丰三年（1853年）《重修圣水泉池碑记》碑和"圣水泉"泉名碑。泉池为石砌，东西长4米，南北宽2米，深3米，1996年被棚盖。

2020年村"两委"对泉池及周边环境进行提升改造。现泉池由四柱木质凉亭庇荫，泉池三面安装青石栏杆，上嵌"圣水泉"石碑一通。泉水向东北伏流五六米，由河岸南侧出水口流出，入锦云川。为方便村民濯衣洗菜，又在出水口修筑一略高于河道的长方形浅池，浅池上设有围栏。

圣水泉　董希文摄

扫帚泉

扫帚泉位于南部山区高而办事处孙家崖村八达岭水库东岸。此泉为季节性出涌，旱季一般无水。汛期开泉后，泉水自岩缝喷涌，漫流于山谷，状如扫帚，故名"扫帚泉"。

1997年《济南市志》、2005年《济南市名泉保护条例》附件一《济南市名泉名录》均收录此泉。2021年4月济南泉水普查时，因正值旱季，未见此泉出水。

扫帚泉下锦云川水库　董希文摄

白花泉

白花泉位于南部山区高而办事处孙家崖村西泉子峪白花寺西南泉子岭顶部,海拔 409 米。因泉涌时水花飞溅似白花朵朵而得名,又因与毗邻的长清境内山顶的另一山泉相对,又名"对花泉"。

白花泉古称"百花泉",清乾隆《历城县志·山水考三》中称:"锦云川水……右会南高而东之水,又西,屈而东北流,左会百花泉水……"

泉池呈方形,池口为铁质,有井盖。池内由乱石砌就,边长 1 米,池深 1.2 米。泉水自石缝涌出后,穿过池壁,沿渠流入果树丛中的蓄水池。经检测,泉水 pH 值为 8.1,呈弱碱性。泉水四季不涸,汛期水量大增,经山溪流向山下一塘坝。塘坝四周群山拱

白花泉　董希文摄

泉下塘坝　董希文摄

卫，绿树成荫，山水缠绵相依，一池碧绿平明如镜，倒映着蓝天白云、远山近树，别具风姿。

相传，白花泉下有一泓清澈见底的水潭，天上的白花公主常下凡来此沐浴，在崖前照着两面玉镜梳妆，变得一天比一天美丽。后来，白花公主因私自下凡违反了天规，被关了起来，而留在崖前的两面玉镜变成了镶嵌在山崖石壁上的两轮金月亮。据说，如果虔诚的人来此照一照金月亮，便能"看一看丑脸变，笑一笑十年少"。再后来，金月亮被到处寻宝的盗墓者盗走了。至今，白花泉左侧的崖壁上还留有两个规则又光滑的凹圆石窝，据说是当年金月亮被偷后留下的痕迹。这个故事把人带入了虚幻的境界，让人有一种怅然若失的感觉。

旮旯泉

旮旯泉，又叫"嘀啦泉"，位于南部山区高而办事处孙家崖村西泉子峪北峪沟，距离白花泉500米，海拔379米，因其泉眼在山旮旯而得名。

泉水出自山坡石崖下天然洞内，洞呈椭圆形，高1.2米，宽0.8米。该泉为季节性泉，雨季开泉，一股激流自洞内涌出，汹涌澎湃，滚滚流向锦云川。泉周边植被茂密，山腰桃红柳绿，山下一池碧水波光粼粼，犹如一幅天然画卷。

旮旯泉　董希文摄

高而葫芦泉

葫芦泉位于南部山区高而办事处孙家崖村泉子峪南峪小河南侧，海拔269米，因泉水所在地形如葫芦而得名。

2013年《济南泉水志》载："葫芦泉，位于仲宫镇孙家崖村西450米处，旱季水量较小，雨季流量较大，每日可达500立方米以上。泉水由大石岩下涌出，汇入小河，流入锦云川。"

葫芦泉　董希文摄

高而葫芦泉

葫芦泉塘坝瀑布　董希文摄

　　泉池周边植被茂盛，泉水淙淙，春涧野花，秋林枫叶，风光无限。泉北有白花泉、旮旯泉，泉上几个蓄水塘坝犹如颗颗珍珠镶嵌在青山之中。夏秋季节山泉喷涌，谷满沟平，山涧瀑布，层层叠叠，令游人流连忘返。

黑虎泉

黑虎泉位于南部山区高而办事处高而中学西院墙南侧,海拔263米,因泉水涌出犹如猛虎下山而得名。

该泉无泉池,出露形态为涌流,雨季开泉。泉水自大堰下石洞中涌出,沿高而中学西院墙根向北流入锦云川水库。泉西崇山峻岭,松柏掩映,山下为层层梯田。

黑虎泉　董希文摄

南高古井

南高古井位于南部山区高而办事处南高而村三官庙西院墙外街中,海拔247.8米。

南高古井,在长方形凉亭庇荫下,为椭圆形井池。井池由乱石砌就,井口直径1.1米,井深3米,水位1.2米。泉水自井下东南方向流出,水量稳定,旱时不竭,涝时不溢。井上安装有铁制辘轳,方便村民取水。井口处有原支撑辘轳的立石一方。据村民讲,该井与建于明代正德元年(1506年)的三官庙为同一时代,已有500多年历史。也有人称该井早于三官庙。

南高古井　董希文摄

三官庙残碑碑帽　董希文摄

双盆泉

双盆泉位于南部山区高而办事处南高而村南端黑山寨下,海拔251米。明崇祯《历乘》、清乾隆《历城县志》和道光《济南府志》均有记载。泉水自岩隙中泠泠流出,流入形似盆状的两个自然小池,故得名"双盆泉"。

泉池在南高村许姓村民的院墙外,泉水自道路下石堰中流出,入东盆池。南侧泉水自石岩缝隙中涌出,入酷似盆状的小池中,两盆碧水,

双盆泉旧貌　董希文摄

澄澈洁净。因修路、建房，泉池所占面积不足半分地，但两股泉水仍涓涓流出，四季不竭。村民称，当年全村人都爱吃双盆泉水。现在村中虽然用上自来水，但很多村民仍然饮用此水，因为它水质好，没水垢，沏茶极佳。20世纪80年代，村民许先生在泉池周边栽植翠竹，翠竹生长茂盛，其景甚美。泉水冬暖夏凉，自小盆流出，蜿蜒西行五六米，积于椭圆形深池中。深池中亦有泉涌，池水满溢，漫流成溪，穿村绕屋，流入锦云川。

谢家泉

谢家泉位于南部山区高而办事处出泉沟村西南泉子峪内，海拔395米。因早年在泉子外侧住着一户姓谢的人家，故得名"谢家泉"。

20世纪90年代，村民建成井池，井口长2米，宽1.2米，深4米，井口下1米处留有出水口。泉水自井下流出，流入东侧长12米、宽5米、深2.5米的水池中。经检测，泉水pH值为8.1，属优质弱碱饮用水，也可用于农业灌溉。

谢家泉水池　董希文摄

香炉泉

香炉泉位于南部山区高而办事处出泉沟村西北黑山寨下出泉沟水库北200米处，海拔382米。传说，泉前曾有一香炉，故得名"香炉泉"。多雨季节，夜深人静，泉水涌流之声在山间回荡，故又名"响泉"。

泉水自黑山寨东山根石棚中流出，积于不规则水坑中，然后顺山势缓缓细流，汇入锦云川。泉水出露形态为渗流，出露处岩石青苔吐翠，水坑四周时常蜜蜂如织。泉水终年不断，水质极佳，煮沸无垢，相传饮之可祛病，故远近乡民常常至此汲水。香炉泉西南50米处也有一泉，该

香炉泉　董希文摄

泉四季不竭。黑山寨东山腰处，还有一无名泉常年渗流。

香炉泉原来叫"石棚泉"。相传很早以前，在一个朦胧的月夜，离泉不远处，一位看瓜老人刚想入睡，突然他眼前一亮，见一白衣仙子从黑山寨东面的屋脊岭上翩翩而下。白衣仙子来到泉边，用手一指，泉水便哗哗作响，犹如一支美妙的乐曲，优美动听。白衣仙子口中念念有词："此山是好山，

香炉泉周边环境　董希文摄

此泉为好泉。饮了此泉水，凡人即成仙。权变一物，立于泉前。以物命泉，香火不断。"然后白衣仙子变成一条大白蛇钻入泉水中。老人早上起来发现，在泉的正前方有一香炉矗立在那里，此泉因此改名为"香炉泉"。如今，传说中的香炉已不见踪影，但泉水依然常流不涸，灌溉一方良田。

五岭泉

　　五岭泉位于南部山区高而办事处出泉沟村东南，海拔393米。由于在五道岭山脚下，故得名"五岭泉"。

　　20世纪80年代，村民修建了长12米、宽6米的石质蓄水池。泉水自石堰下涵洞中流出，出露形态为渗流，先流入直径3米的半圆形水池，然后流入蓄水池，池水用于农田浇灌。

　　相传，当年宋真宗登泰山路过瓦子岭时，感觉口渴，就命随从找水。

五岭泉　董希文摄

五岭泉周边环境　董希文摄

可在荒山野岭去哪儿找水？此人正在犯愁之时，忽然听到两只喜鹊的叫声，他循声走去，竟然找到了一泓泉水。宋真宗喝了泉水后，顿觉神清气爽，抬头看到五座山头，顺口说出"五岭甘泉也"。因此，这无名山泉便有了"五岭泉"之名。

玉华泉

玉华泉位于南部山区高而办事处东邱村泉子峪，海拔389米，因泉水清澈、环境幽雅而得名。

泉水在石罅中汩汩流出，出露形态为线流，流入长1.2米、宽1米、深0.6米的小池，又自出水口溢出，流入下方20世纪90年代修筑的长20米、宽8米、深3米长方形水池，之后溢出流入2011年修建的长43米、宽35米、深4.5米的大型水池，大型水池可蓄水近8000立方米。泉水常年不竭，雨季水量很大，溢池下泻，哗哗水声，响彻谷中，沿河道汇入锦云川。经检测，泉水pH值为8.1，呈弱碱性，口感甘甜，是村民生活和农业灌溉用水。因为有玉华泉之水的润泽，泉子峪的桃树、苹果树、山楂树等果木长势旺盛，连年丰收。

玉华泉　董希文摄

祥云泉

祥云泉位于南部山区高而办事处南邱村西南，海拔380米。因此处常常云雾缭绕，故得名"祥云泉"。

泉池为半地下式水池，长10米，宽6米，深2.1米，水位1米，上方留有1.2米见方的取水口。泉水在水池西南角流出，出露形态为线流，自水池流向下方塘坝，汇入锦云川。祥云泉西侧有一泉，此泉形似弯弯的月牙，故名"弯月泉"。祥云泉和弯月泉均为农业灌溉水源。

祥云泉　董希文摄

祥云泉

弯月泉　董希文摄

云川源泉

云川源泉位于南部山区高而办事处南邱村南，海拔394米，因位于锦云川源头而得名。

泉池为自然水湾，长10米，宽8.6米，深2.3米，水位1米。泉水自水湾西南角多处泉眼中流出，其中主泉眼在西侧石堰下石洞中，泉水

云川源泉出水口　董希文摄

云川源泉泉池　董希文摄

出露形态为线流，出洞后流入自然水湾，又自水湾流向下方塘坝，汇入锦云川。云川源泉是锦云川主要源头之一。经检测，泉水pH值为7.8，呈弱碱性，是较好的饮用水。泉池下方较大的塘坝东西长30米，南北宽20米，深7米。坝堰为石砌，高5米。塘坝可蓄水3000立方米，主要用于农业灌溉。果园在泉水的滋润下春华秋实，构成一幅优美的画卷。

西邱南泉

南泉位于南部山区高而办事处西邱村南 100 米处生产路下，海拔 390 米。

南泉共有三泓泉池，均呈井形。一泓位于石堰下，呈双口井形。在木质凉亭的庇荫下，泉水自井底涌出，注入大水池。另外两泓分别在提水站南、北两侧，其中北侧一泓在盛水时淹没于水池中。南侧一泓也在凉亭的庇荫下，泉上安装有辘轳，并有铁质护栏。据村民讲，该泉水质很好，煮开后无水垢，且甘甜如醴，过去是全村饮用水源。现在很多家庭虽然用上了自来水，但仍有很多人前来汲水。经检测，泉水 pH 值为 7.8，呈弱碱性，是较好的饮用水。

南泉　董希文摄

南泉双口泉井　董希文摄

南泉水池及提水站　董希文摄

静鑫泉

静鑫泉位于南部山区高而办事处高家庄村东南，海拔 380 米。

泉水自石罅中涌出，入小型地下水池，该池用混凝土板棚盖，并预留一个取水口方便村民抽水取用。水池上面有提水设备管护房。小泉池西侧有两个石雕龙头，泉水由此直接流进西侧大泉池。大泉池长 15 米，宽 10 米，深 3.6 米，池东南角立有一块"静鑫泉"石刻。据村党支部书记陈克祥介绍，静鑫泉早在几百年前建村时就有了，全村 200 多口人都吃这个泉水。泉水甘甜可口，经检测，泉水 pH 值为 7.9，属弱碱性，很

静鑫泉　董希文摄

静鑫泉

静鑫泉　董希文摄

适合饮用。村里的幸福院就建在泉水旁边的山岗上，也是为了让村里的老年人喝泉水方便。以前，大家叫这个泉为"东盘山泉"，因为泉上面的山岭叫"东盘山"，而"静鑫泉"这个泉名是村里建了幸福院后新改的，意为让幸福院的老人静心养老。

月牙泉

月牙泉位于南部山区高而办事处核桃园村月牙寺西侧 100 米处山根，海拔 439 米。泉水终年不断，其下建有一小型蓄水池，以便于周围农田灌溉使用。

泉水自石崖缝隙中流出，出露形态为渗流。泉水入圆形浅井，之后流入小水池中。小水池长 8 米，宽 7 米，深 3 米。现泉池因洪水坍塌，亟待修复。经检测，泉水 pH 值为 7.8，属弱碱性。村民用水管将泉水引入村中饮用。泉东 150 米处为月牙寺。此处，泉水潺潺，梵音绕梁，别具风韵。

根据月牙寺内现存唯一一方碑刻记载，月牙寺原名"观音院"，始建于元朝泰定四年（1327 年），由灵岩寺一位高僧创建。根据碑文可知，该寺院是

月牙泉　董希文摄

月牙泉

依山而建的月牙寺　董希文摄

皇家寺院灵岩寺的下院。当时，观音院殿堂齐全，规模恢宏。碑刻正文后附有标注"御宝"二字的圣旨一道，其内容主要是保护观音院的土地等财产，这彰显出观音院在当时的崇高地位。

饮鹿泉

饮鹿泉位于南部山区高而办事处花坦村东南，海拔 528 米。相传该泉曾是饮鹿的泉水，故得名"饮鹿泉"。

泉水自巨石下岩缝中流出，出露形态为线流，流入直径 1.5 米半月形水池，之后流入泉下蓄水池。蓄水池长 10 米，宽 4 米，深 3 米，水深 2 米。泉池南侧石崖上刻有著名书画家张德新先生题写的"饮鹿泉"三字。半月形水池在四角凉亭庇荫之下，周边核桃树的枝叶又覆盖在凉亭之上。此处，崇山峻岭，泉水淙淙，果树成林，郁郁葱葱。泉下有农舍几间，开办的泉水农家乐游客盈门。

饮鹿泉，原来为无名泉。20 世纪 70 年代，有一只鹿自附近的药乡林场逃出，盘桓于此泉泉畔，并引来群鹿栖居繁衍。该泉因此闻名四乡。

"饮鹿泉"石刻　董希文摄

饮鹿泉

饮鹿泉　董希文摄

饮鹿泉蓄水池　董希文摄

十八盘桃花泉

桃花泉位于南部山区高而办事处十八盘村桃花峪，海拔553米，因泉在齐长城遗址下的桃花峪而得名。

泉池为不规则形石砌塘坝，东西长15米，南北宽8米，水深3.5米。泉水四季不涸，出露形态为涌流，自池北侧石缝中流出，流入塘坝。泉池外侧坝上为木质长廊，长廊北头为一座四柱凉亭，长廊下有三孔溢水孔。水盛时，泉水由溢水口溢出，穿桥过村，流入十八盘河道。

泉边茶树、桃树在泉水的滋润下长势喜人。泉上崇山峻岭，云气氤氲，松柏滴翠。泉下溪水潺潺，道道塘坝，池水碧绿，层层瀑布，重重叠叠，蔚为大观。

十八盘村民舍小楼依山而建，错落有致，小桥流水，碧水回环，引得文人雅士题诗称赞。历城一中高级教师迟永香曾写下《沁园春·过十八盘村》词："迢递群峰，崎岖远路，一十八盘。正锦溪隐隐，声迴深谷；青云霭霭，影度高田。鸡鹤同陂，竹蔬一径，飞落桃花尽日闲。春阴外，唯几家村舍，数缕炊烟。客来最是开颜，荐乡味、趁时助一筵。喜新茶香溢，事耕隔岸，细鳞味美，设网临泉。谈笑生涯，清平岁月，不必营谋尘世间。惜别矣，问几时重过，再醉桃源？"

十八盘桃花泉

桃花泉周边环境　董希文摄

十八盘古井

十八盘古井位于南部山区高而办事处十八盘村内，海拔529米。相传十八盘古井已有200多年历史，清嘉庆二十五年（1820年）十八盘建村选此址，就是因为有此古井。

泉井为石砌，呈圆形。井口直径0.8米，深5米，水位4米。泉水常年不竭，清澈甘洌，是村民主要饮用水源。经检测，泉水pH值为8.1，属优质弱碱饮用水。住在井边的村民张祥忠先生介绍说："该泉水质甚好，煮后没有水锈，口感甘甜。不少来十八盘游玩的客人都喜欢带这个泉水回去。"

十八盘古井　董希文摄

八仙泉

八仙泉位于南部山区高而办事处十八盘村南长峪，海拔 639 米，因在八仙台下而得名。

泉水出露形态为线流，自小塘坝东岸多处石罅中汩汩流出。小塘坝长 6 米、宽 4 米、深 3.6 米，三面石砌，南岸为自然岩石。泉水常年不竭，雨季水量很大，溢池下泻，哗哗的水声，响彻谷中。泉水经山溪流向山下十八盘沟，最终汇入长清黄崖峪。经检测，该泉水 pH 值为 7.8，呈弱碱性，是较好的饮用水。

据村党支部书记张祥坤介绍，这是个古老的泉子，无论旱涝，常年有水。过去大旱之年，山北闫家河一带的村民，抬着龙头，带着供品、纸香到这个泉子来求雨。据说他们求雨还没到家，天上就已经下起了雨。

据村民张祥忠介绍，泉

八仙泉　董希文摄

八仙楼　董希文摄

上这座山叫"八仙台",泉子的西侧山腰有八仙洞,八仙洞西侧有个孤立的山峰,叫"八仙楼"。传说铁拐李、汉钟离、张果老、蓝采和、何仙姑、吕洞宾、韩湘子、曹国舅等八仙,自泰山云游至此,看到这里风光秀丽,泉水清澈甘洌,便在八仙台休息,并在八仙洞住了下来。山洞分东、西两个,西侧洞面积小,专供何仙姑使用。他们白天取来八仙泉泉水到八仙楼烹茶论道,不亦乐乎。